国家自然科学基金面上项目(52274146)
国家重点研发计划项目（2023YFC2907600）
新疆维吾尔自治区重点研发计划项目（2023B01010）

# 巷道树脂锚固体承载特性及围岩动态光纤在线监测系统研究

赵一鸣　著

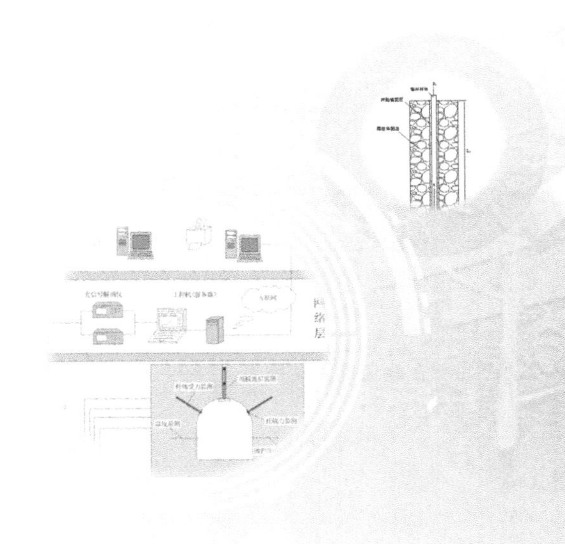

中国矿业大学出版社
· 徐州 ·

## 内 容 提 要

本书采用理论分析、数值模拟、现场实测和工业性试验相结合的综合研究方法，围绕煤矿巷道树脂锚固力学行为、锚杆杆体承载特性开展研究，建立了空洞树脂锚固体拉拔状态下的力学模型及长时蠕变树脂锚固体拉拔状态下的力学模型，深入分析研究了两种模型的力学行为，揭示了树脂锚固体杆体承载特性，初步建立了基于现代传感技术的煤矿巷道围岩动态实时在线监测系统，提出了确保锚杆支护效果的几个原则，并在工程实践中得到了初步成功应用。

本书可供采矿工程及相关专业的科研与工程技术人员参考。

**图书在版编目(CIP)数据**

巷道树脂锚固体承载特性及围岩动态光纤在线监测系统研究 / 赵一鸣著. — 徐州 ：中国矿业大学出版社，2024. 10. — ISBN 978-7-5646-6478-7

Ⅰ. TD263

中国国家版本馆 CIP 数据核字第 2024EN5977 号

**书　　名**　巷道树脂锚固体承载特性及围岩动态光纤在线监测系统研究
**著　　者**　赵一鸣
**责任编辑**　王美柱
**出版发行**　中国矿业大学出版社有限责任公司
（江苏省徐州市解放南路　邮编 221008）
**营销热线**　(0516)83885370　83884103
**出版服务**　(0516)83995789　83884920
**网　　址**　http://www.cumtp.com　**E-mail**:cumtpvip@cumtp.com
**印　　刷**　苏州市古得堡数码印刷有限公司
**开　　本**　787 mm×1092 mm　1/16　**印张** 8　**字数** 205 千字
**版次印次**　2024 年 10 月第 1 版　2024 年 10 月第 1 次印刷
**定　　价**　45.00 元

# 前 言

目前锚杆(索)支护技术是我国地下煤矿开采中普遍采用的一种主动控制巷道围岩稳定的支护技术。但由于锚杆支护加固对象的复杂性,至今人们对锚杆支护原理还没有一个统一全面的认识,复杂条件下锚杆的锚固机理、与围岩相互作用关系、应力分布规律及锚杆杆体承载特性等问题需要更深入的研究。本书采用理论分析、数值模拟、现场实测、实验室试验和工程实践相结合的综合研究手段,围绕树脂锚固体力学行为、锚杆杆体承载特性及在线监测系统展开研究,取得的主要结论如下:

(1) 总结分析了树脂锚固体四类主要失效类型,着重分析了黏结失效类型中树脂锚固体空洞锚固失效和长时蠕变失效的两种形式。建立了空洞树脂锚固体拉拔状态下的力学模型,推导并求出了空洞树脂锚固体拉拔状态下沿锚固方向上杆体内拉应力分布的理论公式;同时建立了考虑锚固层黏弹特性树脂锚固体拉拔状态下的长时蠕变力学模型,推导并求出了与时间有关的杆体拉应力和锚固层-杆体界面剪应力分布公式,并求解了恒力长时作用下的树脂锚固体杆体外端点位移的近似公式,得到了锚固体产生破坏的极限拉拔力。

(2) 通过实验室力学试验,获得了围岩、锚杆等力学参数。基于 ABAQUS 数值模拟软件,验证了两种锚固体理论力学模型,研究了两种模型中杆体应力沿锚固方向的分布规律,揭示了拉拔过程中锚固体内应力和位移的演化过程;着重阐述了长时蠕变模型杆体应力传递的三个阶段,分析了杆体的极限抗拉拔力与时间的关系。同时,分析了锚杆直径、锚固层厚度、钻孔直径、围岩强度等参数对树脂锚固体杆体拉拔状态下的力学特性影响。

(3) 采用预拉力锚固系统锚固作用综合实验台,研究了不同预拉力下锚杆杆体应力和弯矩的分布特征及变化速率;通过测力锚杆井下拉拔试验,揭示了预拉力与锚杆杆体外端点位移的相互关系及不同预拉力下锚杆杆体轴力分布及承载特征,同时基于测得的锚杆杆体应力分布曲线,准确推测了巷道顶板的完整性;初步判定预拉力锚杆实际工作状态下杆体承载受力主要集中在外锚固段中性点附近,对限制巷道围岩变形起主要作用的是中性点附近杆体-锚固层-围岩三者之间的黏结关系,同时杆体内弯矩的存在说明杆体截面处于非均匀受力状态。

(4) 在分析现有煤矿巷道围岩监测手段的不足和光纤光栅传感技术优越性

的基础上，初步提出并建立了一套基于现代光纤传感技术的煤矿巷道围岩动态实时在线监测系统；并采用该系统对煤矿巷道锚杆杆体受力及演化进行了实测，监测结果表明树脂锚杆的杆体应力分布呈非均匀分布且波动变化，杆体内弯矩大。

(5) 基于理论研究结果提出了确保锚杆支护效果的几个基本原则，并应用于淮南矿区顾桥煤矿1115(1)工作面轨道顺槽及朱集煤矿1111(1)工作面轨道顺槽的工程实践。应用结果表明，遵循该原则采用的预拉力高强锚杆强化支护技术可以充分调动围岩的自稳能力优化围岩的力学参数，有效控制巷道围岩变形，满足矿井安全生产要求；同时采用煤矿巷道围岩动态实时在线监测系统成功揭示了1111(1)工作面轨道顺槽沿空留巷期间的矿压显现规律，并与传统矿压观测结果进行了对比，两者基本一致，初步显示了该系统的可靠性和应用前景。

由于作者水平所限，书中难免存在不妥之处，恳请读者批评指正。

**著　者**

2024年8月

# 目　录

# 1 绪　论

## 1.1 研究意义

长期以来，能源一直是国家经济可持续发展的重要保障。随着石油进口量不断增长，煤炭对于我国能源安全和经济发展将更加重要[1]，并越来越成为国家战略考虑的重心之一。2021年煤炭在世界一次能源消费中所占比例为26.90%，在我国一次能源消费中所占比例为54.45%，如图1-1所示（扫描图中二维码获取彩图，下同），确保煤炭产量对于维持世界特别是我国一次能源消费具有非常重要的意义。同时煤炭也是我国发电行业的最主要燃料，2021年火力发电量占比为71.13%，预计到2030年占比依然达44%[3]，因此确保我国煤炭安全高效生产是实现国民经济健康、高效、持续发展的重要基础。

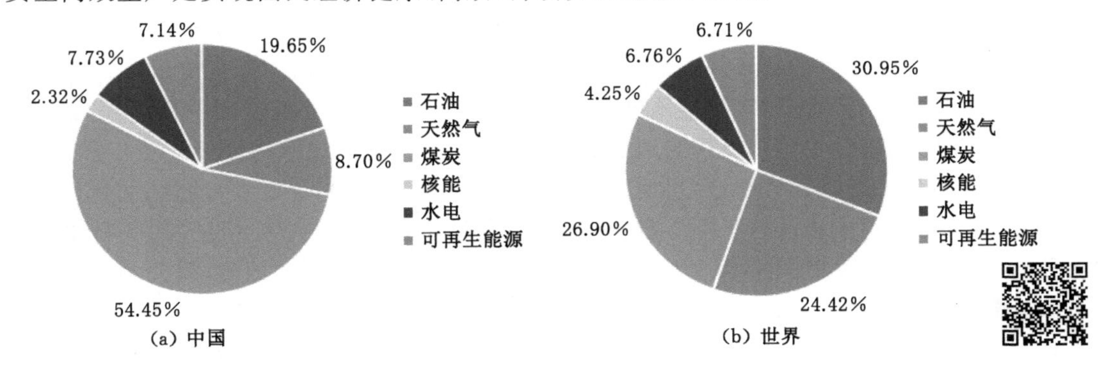


图1-1　2021年世界及我国一次能源消费结构示意图[2]

相对美国、澳大利亚、波兰和印度等采矿国家，我国煤炭开采呈现两大特点：第一，除西北部少数矿区外，大部分煤层赋存条件复杂多样，灾害严重，安全威胁大；第二，90%以上为地下井工开采[4-6]，近年来随着开采强度的不断增加，年下延速度达到8～15 m，中东部矿区年下延速度更是高达10～25 m，许多矿井进入深部开采[7-11]。以深部井工开采为主将构成中国煤矿下一步开采的主要特点，而巷道是煤矿安全稳定高效开采的基础。据统计中国煤矿每年新掘巷道约12 000 km[12]，并有逐年递增的趋势。锚杆（索）支护技术以其对工程地质条件适应性强、掘进速度快、劳动强度低、支护强度高、支护效果好、支护成本低等诸多优点[13-19]在我国煤矿获得了广泛的推广和发展，已成为我国地下煤矿开采中普遍采用的一种主动控制巷道围岩稳定的支护技术，代表了将来煤矿巷道支护技术的主要发展方向，目前我国煤矿煤巷锚杆支护的应用比例已达65%以上。

锚杆支护技术出现以来，国内外众多学者基于不同角度、假设和理论深入研究了锚杆的支护机理，提出了各种支护理论，一定程度上揭示了锚杆的锚固加固机理，促使了锚杆支护材料、配件及施工机具的不断更新和改进，使得锚杆支护技术在矿山开采、水利水电、交通运输、国防工程等领域大面积快速推广和使用，并不断扩展到新的领域。但由于锚杆支护加固对象的复杂性，人们对于锚杆支护原理至今还没有一个全面的认识，锚杆的锚固机理、与围岩相互作用关系、应力分布规律及杆体的承载特性等问题需要更深入的研究。特别是目前我国煤矿开采逐渐进入深部将面临高地压巷道围岩治理难题，进一步研究和揭示锚杆锚固机理、锚杆应力分布演化规律、锚杆与围岩的相互作用关系等问题，对解决我国煤矿深部巷道支护问题和确保我国煤炭安全高效开采有重要意义。

煤炭开采逐渐进入深部以后，巷道围岩发生更大范围的破坏，顶板离层垮冒的倾向性更大，构造应力场异常矿井和采动应力场叠加的高应力采区是顶板灾害尤其是顶板动力灾害的多发区，因而防止顶板的垮冒、保证顶板的安全难度更大。同时，由于锚杆施工的隐蔽性和岩土工程的复杂性，加上煤矿井下的特殊环境，煤矿巷道锚杆锚固质量的检测手段受到严重限制，支护方案的合理性以及支护效果好坏无法直观判断，特别是锚杆支护巷道围岩破坏失稳一般没有明显的预兆，不易被人们察觉，破坏往往具有突发性，现场施工工艺、施工质量、地质条件变化等因素诱发的煤矿巷道锚杆支护失效事故时有发生，直接威胁着矿工的生命安全，制约着煤矿高产高效。目前，煤矿巷道支护参数设计主要依靠巷道施工后，通过分析矿压监测数据修改初始设计，使其逐步趋于合理。因此，开展锚杆支护巷道矿压监测，及时准确把握锚杆在围岩中的受力状况、掌握巷道围岩动态活动规律是煤矿锚杆支护巷道提前预测和发现安全隐患的重要环节之一。伴随着锚杆支护技术的发展，目前国内外均进行了大量的锚杆支护巷道围岩矿压监测技术的研究，形成了较为完善的监测内容，取得了较为丰富的研究成果，确保了锚杆支护巷道的安全，促进了锚杆支护技术的大面积推广和应用。但受井下巷道所处特殊条件限制，目前的监测手段难以实现及时、稳定、自动化、准分布式监测，难以实现对巷道围岩进行长期动态连续监测，对有可能发生的灾害无法及时进行预报警以避免其发生，且存在监测结果由人为因素带来的误差较大等问题。因此，研究和开发适用于我国煤矿深部巷道围岩条件的快速、方便、准分布式、自动化、高精度和远程传输的监测技术意义重大。通过监测锚杆杆体载荷动态变化、顶板离层状况等数据以反映巷道围岩的稳定性，可以进一步揭示锚杆与围岩相互作用机理，提高实际工程中锚杆支护的可靠性和科学性，进一步推动锚杆支护技术在煤矿巷道围岩控制中更大规模及范围的应用。

## 1.2 国内外研究现状

按 Kovári[20,21] 的记载，煤矿锚杆支护技术于 1912 年起始于美国，20 世纪 40 到 60 年代得到初步应用和发展，到 70、80 年代成为岩石工程中主要的支护方法。我国最早的锚杆支护技术于 1955 年用于煤矿巷道支护[22]。最早的预应力锚索于 1964 年用于梅山水库右岸坝基的加固[23]。特别是 20 世纪 90 年代以来，为配合我国煤矿综合机械化开采，保证综采工作面快速推进，中国矿业大学、中国煤炭科学研究总院联合邢台和新汶矿区大力开展煤巷锚杆支护技术攻关，在借鉴美国和澳大利亚煤巷锚杆支护技术的基础上，创新了深井复杂地质条件下煤巷树脂锚杆成套支护技术，大大提高了复杂多样地质条件下锚杆支护的适应性。在这一过程中，中国学者针对中国的煤层特殊地质条件，在吸收国外先进支护理念的同时创新了一批以高性能锚杆支护为基础的支护理论和支护手段[24-36]，同时锚杆的支护产品也在这一过程中不断得到升级换代，极大地推动了中国煤矿安全高效开采，使得中国煤矿锚杆支护技术达到了国际先进水平。但同时也需要指出，随着中国煤矿开采深度的进一步增加，现有支护体系将难以适应日益复杂多样的、快速向深部延伸的煤巷赋存条件，研究深部巷道围岩特别是强采动作用下其变形机理和对应的合理围岩支护手段将是中国煤矿下一步或眼前需要解决的重大技术难题。

### 1.2.1　锚固系统力学行为的研究现状

锚杆支护技术已广泛应用于采矿、隧道、堤坝等工程中，但锚固系统力学机理是非常复杂的，主要涉及杆体-锚固层-围岩三方面的相互作用关系及力学性质；在过去几十年里，针对此问题国内外专家学者基于不同的理论假设提出了多种锚杆围岩锚固力学模型，深入研究了锚杆沿其轴向的应力分布特点，同时开展了大量不同岩体中的锚杆拉拔试验等，获得了丰硕的成果。

早在 1967 年，Hobbs[37]基于弹性理论提出了非常著名的锚杆-围岩的剪滞模型。

Freeman[38]实测了不同岩体中锚杆受力特征，提出了“中性点”的概念，按照其分析，在“中性点”位置锚杆杆体和围岩位移相等，锚杆受到的剪切力为零。Björnfot 等[39]通过研究指出，沿锚杆锚固方向“中性点”可能不止一个。Tao 等[40]研究了圆形巷道中全长锚固锚杆与围岩的作用机理，推导出了合理锚杆支护长度及杆体上“中性点”位置的求解公式。

Selvadurai[41]在假设预应力在锚固范围内呈均匀、线型或抛物线型分布的基础上，研究了刚性圆形托盘与蠕变半空间体的相互作用关系。

Stheeman[42]研究了灌浆材料、锚索直径、钢材等级、钻孔直径等对锚索-灌浆体界面黏结剪应力的影响。

基于线性和非线性有限元模拟结果，James 等[43]推导了用于预测锚固系统极限抗拉强度的近似表达式。

Cook 等[44]通过一系列锚固系统的拉拔试验，提出了一种适用于单根或多根锚索的设计方法。

Bažant 等[45]分析了锚索直径对其抗拉拔的影响，并得出锚索尺寸越大界面黏结剪应力的分布越不均匀的结论。

Benmokrane 等[46,47]推导求出了定长度锚固系统的抗拉强度，提出了用于描述锚索-灌浆体黏结界面剪切滑移的简单本构模型，同时给出了全尺寸不同长度锚固于岩石中 3 组预应力锚索和 6 组非预应力锚索的循环张拉试验结果。

Steen 等[48]考虑不同界面黏结情况建立了锚固系统的剪滞模型。

Serrano 等[49]基于 Euler 变换法[50]和 Hoek-Brown 岩石破坏准则[51,52]求得了岩石锚索的抗拉承载力。

Li 等[53]认为拉拔过程中锚杆表面的剪切力可分为三部分，即黏结力、机械自锁力和摩擦力。

Kılıc 等[54]分析了灌浆材料对全长锚固锚杆抗拉拔能力的影响，提出了计算锚固系统拉拔力的经验公式，公式中包括灌浆体的剪切强度和单轴抗压强度、锚杆杆体直径和长度以及杆体锚固黏结的位置和灌浆体的固化时间等参数。

尤春安等[55,56]研究指出全长黏结式锚杆与预应力锚固段的应力分布是相同的，求出了两种情况下应力分布的弹性解，得出了剪应力沿锚固方向从零急剧变到最大值、再逐渐减小并趋于零的结论。

何思明[57]基于极限平衡原理和 Hoek-Brown 准则，求解出了预应力锚索极限侧阻力的理论公式，同时讨论了各种因素对锚索极限拉拔力的影响，从理论上揭示了锚索长期载荷作用下预应力的损失机理。

朱训国[58]分析了拉拔试验中锚杆应力传递规律，研究了各种因素对应力分布趋势和大小产生的影响，建立了锚杆与围岩体相互作用下其摩阻力在弹性均质岩体中的分布函数；着重研究了理想弹塑性围岩体、理想脆弹性围岩体、理想黏弹性围岩体中锚杆与围岩相互作用下的锚固机理。

饶枭宇[59]研究了普通预应力锚索的主要失效破坏形式，基于 Mindlin 解推导了灌浆体与岩体表面的弹性应力分布解，指出锚索与灌浆体之间的脱黏破坏为锚索最常见的破坏形式。

E. Hoek 等[60]在 1989 年指出锚索加固的最主要破坏模式是锚索与灌浆体之间的黏结破坏，破坏形式或位置是钢绞线从灌浆体中滑落。

Yang 等[61]和 Wu 等[62]基于剪滞模型建立两种不同边界条件的锚固系统拉拔模型，推导了沿锚固方向杆体内拉应力、杆体表面剪切应力和锚固系统拉拔力的公式，并讨论了其分布特性。

卢黎等[63,64]基于 Kelvin 位移解，求解出了压力型锚杆锚固段的应力分布公式，指出对应力分布影响最大的是锚固体换算弹性模量与岩土体弹性模量之比，同时通过试验研究了锚固长度对锚固体锚固性能的影响。

Kim 等[65]采用有限元和 Beam-Column 模型建立地锚的力学传递机理并与现场测试的结果进行了对比。

在假设锚固于厚土层中的拉杆其拉力与位移表现为非线性，且锚固介质具备弹塑性的基础上，Froli[66]分析了影响锚固系统中杆体产生塑性时保持最佳锚固效果的主要影响因素。

Delhomme 等[67]认为树脂锚固层黏弹特性符合 Eurocode 2[68]规定的蠕变特征，在此基础上研究了大锚头光滑长锚索的力学特性。

于远祥等[69]通过现场拉拔试验，研究了黄土地层下锚固长度、索体直径等对预应力在锚索中传递的影响，指出锚索轴力随拉拔载荷增大不断向内锚固段传递，同时提出锚索有效的锚固长度为 6～8 m，其极限承载力随其直径增大呈线性增长，与锚固长度无关。

任智敏等[70]通过拉拔试验研究了拉拔状态下全锚锚杆的轴向应力分布规律，从锚深、外载荷等方面讨论了锚杆轴向力的受影响特征，并提出关键外载等概念。

邓宗伟等[71]指出锚索锚固段侧摩阻力沿锚固长度呈非线性分布，采用剪切位移法求出了其分布表达式，并基于 Mindlin 解求出了锚固影响范围内岩体内任一点的应力解析解，同时提出锚索应力分布主要集中在前端 1/3 处。

郑文博等[72]借助有限元模拟和静力法分析了边坡自由式预应力锚索在地震作用下应力分布及边坡位移，计算出了最不利结构面组合下边坡整体稳定性安全系数，并分析了锚固角度、预应力大小、锚固深度等关键参数对边坡稳定性的影响。

江权等[73]建立了对穿预应力弹脆性锚索黏弹性锚固体耦合元件模型，分析了锦屏二级水电站地下厂房与主变室开挖卸荷阶段和围岩时效变形阶段之间对穿预应力锚索的力学响应机制和载荷变化规律。

张伟等[74]基于锚固节理岩体的实验室剪切试验结果分析了不同强度的岩体在剪力作用下的变形和受力特征，对比了锚杆加固前、后岩体的剪切变形规律，并分析了节理岩体强度、预应力及锚固方式对节理的抗剪能力的影响。

黄明华等[75]建立了锚杆锚固段双指数曲线剪切滑移模型，研究了拉应力作用下锚杆杆体锚固段载荷传递与载荷位移分布特征，并开展了实测数据验证分析。

陈文强等[76]采用最小势能原理变分法并考虑结构面剪胀特性，建立了加锚结构面抗剪强度计算公式，分析了不同倾角下围岩强度、锚杆直径和法向应力对锚杆轴向力和横向剪切力换算的抗剪强度影响规律，并分析了预应力对其抗剪强度的影响。

孟庆彬等[77]结合榆树井煤矿井底车场巷道围岩松动圈测试、地应力测试等基础数据，揭示了泥质弱胶结软岩巷道矿压显现规律并提出了巷道针对性的优化布置及支护对策。

肖同强等[78]基于多功能拉拔试验系统揭示了不同锚固长度下煤矿锚杆拉拔力学特性。

刘国庆等[79]针对地下硐室预应力锚索的承载受力过程，分析了预应力与围岩变形作用下锚索锚固段的受力机制。

谢璨等[80]以现场监测数据为基础，建立了一种综合考虑渗透作用下土体蠕变和预应力锚索锚固力损失的三维本构模型，推导出土体蠕变和预应力锚索锚固力松弛方程，分析了滨海某基坑渗透作用下土体蠕变和预应力锚索锚固力损失特性。

董恩远等[81]结合巷道围岩变形特征建立了反映围岩加速蠕变的本构模型及锚杆工作特性的锚固体本构模型，开展了锚固体时空效应对围岩变形的控制作用分析。

王文杰等[82]建立了动静载联合作用下全长锚固玻璃钢锚杆受力分析模型，分析了爆破动载下玻璃钢锚杆轴向应力和剪切应力分布特征，研究了最大单段起爆炸药量、爆心距、岩体弹性模量对玻璃钢锚杆力学响应特征的影响。

言志信等[83]采用FLAC3D数值分析软件建立了砂浆全长黏结锚杆顺层岩质边坡分析模型，探究了水平向简谐波作用下两锚固界面上的剪切作用和锚杆轴力分布以及它们的演化规律。

孟祥瑞等[84]结合玻璃钢锚杆全锚试验和数值模拟分析结果，研究了该类锚杆拉拔状态下杆体应力分布规律及其影响因素。

刘少伟等[85]建立了锚杆锚固端部不同切削形式及角度下的力学模型，分析了左旋无纵筋螺纹钢锚杆的搅拌端结构与锚固工程特性之间的关系。

宁建国等[86]研究了复杂应力环境下大断面硐室围岩锚固支护结构损伤演化特征，构建了动静载荷作用下深部大断面硐室围岩锚固承载结构损伤演化模型，获得了深部大断面硐室围岩锚固支护结构破坏机理等。

靖洪文等[87]以口孜东矿−967 m水平西翼轨道大巷为工程背景，融合多源地球物理信息监测技术，对深部巷道围岩锚固结构失稳破坏全过程进行了物理模拟试验，揭示了其支护锚固结构变形破裂中载荷及位移特征。

侯朝炯等[88]围绕深部巷道普遍存在围岩强度劣化、应力环境恶化及围岩结构性失稳大变形等问题，探讨了围岩微观损伤裂隙演化尺度在宏观围岩破坏过程中的响应机理，阐述了深浅递进分层次注浆对深部巷道围岩的协同控制作用，提出了深部巷道破裂围岩浅孔封隙止浆和深孔减隙加固的注浆技术等。

蒋宇静等[89]结合不同恒定法向刚度边界条件下锚固与无锚固类岩石材料粗糙节理剪切试验结果，研究了法向刚度边界条件对锚固节理剪切力学特性及节理面剪切破坏、锚杆剪切变形破断和锚杆破坏剪切位移特性的影响。

张雷等[90]利用自行设计制作的锚杆锚固质量无损检测试验系统对锚固系统无缺陷和含有若干缺陷的情况进行了检测.比较发现含缺陷锚固系统无损检测信号的多尺度熵值在绝大多数尺度上要比无缺陷锚固系统的大。

赵增辉等[91]采用 Borton 节理面粗糙度模拟节理面形貌，建立了常法向应力边界下节理岩体锚固体三维数值模型，分析了锚固角、节理面形貌对系统抗剪性能及单元渐进损失力学行为的影响。

李建忠等[92]开展了系列破碎围岩体锚固试验，揭示了破碎围岩体锚固剂承载机制，提出了不同条件破碎岩体承载支护条件及锚固支护建议。

梁东旭等[93]建立了锚杆-锚固剂界面力学模型，分析了锚杆拉拔滑动导致锚固剂环裂纹扩展的三个阶段以及锚杆-锚固剂、锚固剂-围岩界面环向围压随锚杆滑动的变化，推导了最大轴向力与剪应力的位置，揭示了锚杆-锚固剂界面的脱黏失效机制，提出了锚杆-锚固剂界面、锚固剂-围岩界面脱黏失效的判据。

综上所述，在过去的几十年里众多学者通过大量实验室试验、理论分析、数值模拟及现场实测等研究方法针对锚固系统力学性能开展了广泛深入的研究，取得了丰富的研究成果，建立了锚固系统不同的力学模型，并提出了锚固体锚杆(索)断裂、黏结失效等常见的四种失效形式等。但大多数研究主要针对不同形式锚固体的力学传递机理、杆体沿锚固方向应力分布规律、黏结表面失效等，而针对考虑锚固层黏弹特性的长时蠕变锚固系统及带有锚固空洞的锚固系统的研究较少。

### 1.2.2 煤矿巷道围岩监测系统的研究现状

煤矿巷道围岩活动的主要表现是顶板离层、下沉、冒落，两帮片帮、滑移，底板鼓起等。用于巷道围岩活动监测的常规仪器仪表有很多种[94-105]，如测力锚杆、多点位移计、离层指示仪等，同时科学技术的不断发展推动着巷道围岩监测仪器不断更新，目前监测手段已开始由常规的监测手段向智能化监测发展和更新，新型监测仪器不断涌现，如 YZT-Ⅱ型岩层钻孔窥视仪、巷道顶板离层自动监测报警系统[106,107]、基于超声测距的巷道围岩变形自动检测系统[108]、3D 动态空区激光监测系统、微震监测系统[109,110]等。但是由于锚杆施工的隐蔽性，加上煤矿井下的特殊环境，目前煤矿锚杆支护巷道围岩矿压监测手段难以实现及时、精确、稳定、自动化、准分布式监测，无法完成对巷道围岩进行长期动态连续监测，对有可能发生的灾害难以及时进行预报警以避免灾难发生。

针对煤矿巷道锚杆支护的特点，结合矿压观测内容，总结借鉴其他学者的研究成果[5,13-17,111-113]，现有煤矿巷道围岩监测手段总体存在以下四方面不足：

① 监测手段落后，监测仪器以简单机械式为主，使用的电类传感监测仪器存在传感元件寿命短、测量易受环境影响等缺点，同时观测频率及精度受井下条件、灯光强度等限制。

② 监测内容以位移监测为主，应力和载荷测试技术较弱，无法对围岩变形、支护体应力

演变进行长期全过程监测，监测仪器在空间上端点式分布，难以及时准确掌握巷道围岩破坏和支护结构的动态变化信息，难以准确判断围岩内部完整性和支护可靠性。

③ 数据信息数字化程度低，采集观测主要以人工方式为主，其监测结果由于客观原因（如人为影响）带来的误差较大，且受到生产的影响。

④ 监测数据不能实现自动化记录和远距离传输，难以实现实时在线多媒体显示及时预报警功能，同时对监测数据的挖掘和信息化处理能力低，缺乏充分统一的科学分析。

为了保证煤巷锚杆支护巷道的围岩稳定和顶板安全，进一步丰富和发展我国的煤巷锚杆支护，完善现行监测手段，选用科学实用的监测反馈信息指标，对反馈信息进行科学分析，判断巷道围岩是否稳定以及是否需要采取加强支护措施，以保证锚杆支护巷道施工与生产的安全，已成为发展煤巷锚杆支护中必须尽快解决的重要技术问题。

既然传统的矿压监测手段难以实现对巷道围岩动态连续监测，不能满足煤巷锚杆支护巷道围岩稳定和顶板安全的要求，因而建立新型煤矿巷道围岩矿压监测系统需要创新思路。20 世纪 70 年代以来，光纤传感技术和理论迅速发展。光纤光栅传感器目前已可实现监测对象使用过程中多物理量的动态监测，监测内容包括应力、应变、温度、压力、瓦斯浓度等各个方面，广泛应用于土木、水利、石油和结构工程等众多领域，并逐渐替代传统的监测仪器，受到各个领域学者的广泛认可和关注，总结起来，光纤光栅传感技术主要具备以下几个方面的特点[114-156]：

① 灵敏度高、动态范围大、精度高，可实现长时监测，有关研究表明，光纤的连续工作时间为 25 年。

② 抗电磁干扰、电绝缘性好，本质安全，尤其适宜于在易燃易爆的油、气、化工、煤矿等生产环境中使用。

③ 耐高温、抗腐蚀，使用方便，可适用于较恶劣的环境中对复杂监测对象进行长时稳定监测，使用期限内维护费用低。

④ 质量轻，体积小，可塑性、适应性强。既可埋入结构体内，也可粘贴在材料的表面或植入监测对象中，不存在匹配的问题，对监测对象的性能和力学参数等影响较小。

⑤ 传输损耗小，测量范围广，可实现长距离监测和传输，其每千米损耗为 0.2 dB，同时光纤本身既是传感体又是信号传输介质，可实现对监测对象的远程准分布式或分布式监测。

⑥ 复用性好，一根光纤可测量结构体上多点或无限多自由度的参数，可测量温度、压强、应力、应变、气体成分等多个物理参量。

1978 年第一支光纤光栅被研制出来[157]，美国于 1979 年将光纤传感器埋入复合材料结构中进行状态监测。国内最早开展光纤传感技术在工程中应用研究的是重庆大学黄尚廉院士领导的课题组[158-161]，其对工程结构健康监测领域的几种光纤传感技术进行了深入的理论和试验研究。同时哈尔滨工业大学欧进萍院士等[162-165]针对光纤光栅传感器封装和光纤光栅传感技术在结构健康监测中的应用进行了较深入细致的研究。1990 年成立的武汉理工大学光纤传感技术研究中心，研发了多种光纤 Bragg 光栅传感器、光纤 Bragg 光栅解调器以及相应的监测系统，并构建了一套完整的光纤光栅传感器的埋设工艺[144]。

Heasley 等[166]通过实验室全比例胶结煤块试验，揭示了分布式光纤在煤岩体内的传感特性，证明了分布式光纤可以在实际岩石材料中进行岩体活动监测。

在 BOTDR 分布式光纤传感技术的应用方面，Naruse 等[167]将基于 BOTDR 的分布式光纤传感技术应用于监测煤矿井下开采活动的影响，并通过半年的现场试验证明了该技术的可行性。

冯仁俊等[168]在分析传统锚杆监测系统的缺点和光纤光栅传感技术的优点的基础上，通过对全长锚固锚杆的受力分析，设计了一套新的光纤光栅锚杆监测系统；采用相似材料模拟试验手段，对全长锚固锚杆做了拉拔试验及分析，验证了光纤光栅锚杆监测系统的可靠性。

信思金等[169]针对锚固监测问题采用光纤 Bragg 光栅传感技术进行锚杆监测，进行了工程现场与常规技术的对比试验。结果表明，光纤 Bragg 光栅传感器具有精度高、可测量多、抗干扰能力强、结构简单和长期稳定性好的优点，可以实现在线监测，具有极大的应用和发展前景。

李辉等[170]介绍了光纤传感技术在矿井安全监控方面的应用优点，并对气体传感器、粉尘传感器和应力(应变)传感器的原理和关键技术进行了分析，同时对 DTDR 以及 Bragg 光栅等新技术进行了理论分析和应用研究，并在此基础上提出了光纤传感技术进一步应用需解决的几个关键问题。

裴雅兴等[171]认为传统传感测试技术难以有效对锚杆的受力状态进行测试，光纤传感技术可以提供更为有效的测试手段，基于对实测资料分析提出锚杆均存在拉、压及零应力区，同时根据实测资料减少了原设计的锚杆数量，从而节约了投资。

张丹等[172]借助 BOTDR 分布式光纤传感技术，对淮南矿区煤层采动过程中覆岩变形与破坏的规律进行了监测和分析，揭示了覆岩变形与破坏发育规律。

王宽等[173]利用拉伸弹簧和悬臂梁组合成的粘贴光栅结构，实现了对煤矿顶板离层变化趋势的监测。

程刚[174]采用分布式光纤感测技术，开发了适用于煤矿覆岩变形监测的特种感测光缆并构建了煤层覆岩变形分布式光纤监测系统，开展了实验室和现场实测，验证了分布式光纤感测技术应用于煤矿覆岩变形监测的可行性和准确性。

许星宇等[175]基于 MATLAB 开发的边坡应变场可视化系统通过用户界面实现了对海量光纤监测数据的识别、去噪、预测分析和可视化展示，系统具有边坡稳定状态诊断及预警的功能。

杨家坤[176]以大柳塔煤矿多煤层开采为工程条件，利用分布式光纤传感技术，开展了采动覆岩相似材料物理模拟试验，分析了顶板覆岩裂隙演化及地表沉陷参数变化规律。

柴敬等[177-183]利用分布式光纤传感技术，开展了采场覆岩变形来压与光纤频移关系及光纤-岩体耦合性分析，开展了煤柱应力应变分布、保护层开采下伏煤岩卸压效应、采场覆岩破坏规律等分析研究，同时基于光纤监测开展了注浆浆液扩散范围的试验研究。

张平松等[184,185]采用井孔光纤应变测试技术开展室内岩石压裂测试并实施底板监测，获得了大采高底板下不同深度岩层随工作面推进的应变变化曲线及特征，讨论了断面空间岩层变形发育规律及其采动影响特征。

胡涛[186]借助分布式光纤传感技术，开展了覆岩采动变形光纤基础数据标定、光纤-岩土体-注浆三者之间的耦合性能及荫营煤矿 150313 工作面导水裂缝带高度实测及煤巷顶板沉降变形研究。

朱鹏飞[187]分析了基于深度学习的采动覆岩变形分布式光纤监测数据推测方法，为分布式光纤应用于煤矿智能化围岩变形监测奠定了基础。

朱磊等[188]采用分布式光纤传感技术，研究了龙王沟煤矿61601综放工作面覆岩变形分布式光纤监测方法，分析了光纤应变曲线变化与采场覆岩变形、破坏、移动过程的对应关系，探讨了采场覆岩导水裂缝带高度和岩层破断角动态发育过程及机理。

随意等[189]基于分布式光纤实测管片内部真实应力分布数据，提出了反演分析方法，计算出了监测期间管片的位移、内力及外载荷分布。

综上所述，目前光纤传感技术在煤矿领域的应用研究还需要进一步开展，特别是针对煤矿锚杆支护巷道的光纤传感监测成套技术的研究还不系统。因此开展基于现代光纤传感技术的新型深部巷道围岩动态监测技术研究对于进一步丰富和完善我国现有的煤矿矿压监测技术、实现分布式实时监测、确保煤矿生产安全都有着重要的现实意义，有着巨大的经济和社会效益；同时也可为进一步研究深部巷道围岩活动的时空演化规律、揭示支护体与围岩的相互作用关系提供可靠的技术手段。

## 1.3 研究内容及方法

通过对大量文献的查阅，借鉴归纳已有的研究成果，本书围绕煤矿巷道树脂锚固体力学行为及锚杆杆体承载特性开展研究，采用理论分析、数值模拟、现场实测、实验室试验和工程实践相结合的综合研究手段进行研究，主要研究内容如下。

(1) 空洞树脂锚固体拉拔状态下的力学模型研究

针对树脂锚固层存在空洞的锚固体，基于弹性理论，建立全长锚固空洞树脂锚固体拉拔状态下的力学模型，推导并求出拉拔状态下沿锚固方向空洞锚固体锚杆杆体内拉应力分布的理论公式。

(2) 长时蠕变树脂锚固体拉拔状态下的力学模型研究

考虑树脂锚固剂的长时蠕变特性，建立树脂锚固体拉拔状态下的长时蠕变力学模型，推导出与时间有关的杆体拉应力和树脂锚固层-杆体界面剪应力的表达式及杆体外端点位移的近似公式，同时求解出树脂锚固体产生破坏的初始极限拉拔力的表达式。

(3) 实验室力学特性试验研究

通过实验室力学试验，获得锚杆杆体、围岩等的力学参数，为开展数值模拟研究提供可靠的参数。

(4) 树脂锚固体应力分布及演化特征研究

采用ABAQUS数值模拟与理论分析相结合的方式，验证理论模型，分析两种理论模型中锚杆杆体的应力分布及演化特征，揭示长时蠕变模型中杆体的极限抗拉拔力与时间的关系，同时对影响树脂锚杆支护效果和树脂锚固体力学特性的主要因素进行分析。

(5) 预拉力锚杆杆体承载特性的试验研究

借用预拉力锚固系统锚固作用综合试验台，研究不同预拉力下锚杆杆体应力和弯矩的分布特征及变化速率；通过测力锚杆井下现场拉拔试验，揭示预拉力与锚杆外端点位移的相互关系及不同预拉力下锚杆杆体轴力分布特征。

(6) 煤矿巷道围岩动态实时在线监测系统研究

在分析现有煤矿巷道围岩监测手段的不足和光纤光栅传感技术优越性的基础上，初步建立了一套基于现代传感技术的煤矿巷道围岩动态实时在线监测系统；根据巷道围岩矿压监测的内容，研制准分布、高精度、配备远程传输接口的矿压监测传感元件，并开发具备实时显示、数据存储保护、数据自动分析等功能的监测软件；采用该系统研究和揭示煤矿巷道树脂锚杆杆体的应力分布及演化特征。

(7) 工程实践研究

以淮南矿区顾桥煤矿1115(1)工作面轨道顺槽及朱集煤矿1111(1)工作面轨道顺槽为工程背景，开展煤矿巷道锚杆支护及煤矿巷道围岩动态实时在线监测系统的工程实践研究。

# 2　树脂锚固体失效类型及基本力学行为分析

由于锚杆支护施工的隐蔽性和岩土工程的复杂性，加上煤矿井下的特殊环境，煤矿巷道锚杆锚固质量的检测手段受到严重限制，支护方案的合理性以及长期安全性无法直观判断。因此，现场施工工艺、施工质量、地质条件变化、支护参数的设计等因素诱发的煤矿巷道锚杆支护失效事故时有发生，直接威胁着矿工生命安全，影响煤矿高产高效。锚杆拉拔试验是目前我国煤矿现场普遍采用的较为方便可行的检测锚杆锚固质量的主要手段之一，该方法操作简单、受外界干扰小且检测数据直观可靠，《煤矿安全规程》也明确规定锚杆拉拔力必须符合设计[190]。为进一步研究树脂锚固体的力学行为，揭示树脂锚固体的长时蠕变特性，在总结分析了树脂锚固体的主要失效类型基础上，建立了树脂锚固体拉拔状态下的两种力学模型。

## 2.1　树脂锚固体失效类型

### 2.1.1　树脂锚固体的失效类型

针对锚固体失效的类型和机理，国内外学者已进行了大量的实验室试验和现场实测试验。通过对煤矿巷道树脂锚杆现场拉拔试验结果分析，并借鉴已有的研究结果，可将树脂锚固体的主要失效类型分为以下四类[191-196]。

① 黏结失效类型：在剪应力作用下锚固剂与围岩表面、锚固剂与锚固杆体表面或锚固层之间发生滑移，杆体从锚固围岩中被拉出。此类失效主要是杆体安装钻孔中煤(岩)粉清理不干净、树脂锚固剂对杆体的黏结力不足、围岩和杆体强度明显高于树脂锚固剂、锚固长度不足、锚固层存在空洞、锚固体存在长期蠕变等引起的。

② 围岩失效类型：当周边岩体强度较低或松散破碎时，硐室开挖会引起其四周产生较大范围的破碎带[197]，破碎带内裂隙极其发育，方向各异的众多裂隙结构面发生开裂、滑移等。当杆体通过树脂锚固剂安装于此类软弱、松散破碎围岩中时，杆体无法通过树脂锚固剂与围岩紧密黏结，树脂锚杆施工后短时间内围岩会发生大面积冒落或变形而导致锚固失效；或即使两者紧密黏结，由于安装孔壁表面岩层的强度过低，安装孔壁表面岩层在杆体拉力作用下也会产生剪切破坏而失效。

③ 杆体破断失效类型：在拉剪应力作用下，外露段杆体钢筋或杆体夹带楔形岩块发生破断。此类失效主要是杆体的强度过低、围岩压力过大、杆体螺纹段加工中存在台阶式应力损伤等引起的。

④ 配件失效类型：在树脂锚杆支护中，与锚杆杆体配套的配件主要有扭矩螺母、垫片和钢带等，此类失效主要是配件刚度不足、配件与杆体及其相互之间不匹配、锚杆杆体受力集

中于外端头等引起的，表现为钢带撕裂、垫片拉穿等。

对于后三类失效形式，可以通过锚架联合支护、围岩喷浆注浆加固、升级杆体材料等级、强化配件刚度和结构、优化加工工艺等方式使其得以减少和避免。而黏结失效类型由于失效形式多种多样且失效机理较为复杂，而且其失效数约占我国煤矿锚固体失效总数的80%[198]，因此必须从其失效的力学机理上加以重视并开展深入研究。

### 2.1.2 两种锚固失效形式分析

对于黏结失效的机理，国内外学者已开展了广泛的研究，基于不同的假设建立了不同的本构模型，分析了锚固长度、钻孔直径、围岩力学性能、杆体直径、锚固剂的力学性能等对锚固体锚固效果的影响[199-200]，已取得了丰硕的研究成果。但对于带有空洞的树脂锚固体的力学特征及长时蠕变树脂锚固体力学行为研究较少，而深入研究缺陷锚固体的力学特征及锚固体的长时蠕变力学性质对于减少和避免锚空失效和长时蠕变锚固失效均具有重要的理论和现实意义。

（1）空洞树脂锚固体失效分析

锚杆杆体通过锚固剂与围岩黏结形成整体，锚杆产生的支护阻力通过锚固层作用在围岩上以有效抑制其变形，锚杆与围岩由于受砂岩水入侵腐蚀、锚固剂安装搅拌不均匀、岩层离层等多种因素影响，锚杆与锚固层或锚固层与岩体之间会出现锚固空洞或老化等情况（本书称此类具有锚固空洞区的锚固体为“空洞树脂锚固体”），从而导致锚杆与锚固层或锚固层与岩体之间黏结力损失或降低，使锚杆对围岩的加固和支护作用减弱。在大规模的锚杆支护应用中，有少数的锚杆发生锚固失效是正常的事情，但当锚杆锚固失效比例达到一定程度时，可能引发单根锚杆支护失效而带来的群体锚杆支护失效问题，继而产生大规模的巷道顶板垮冒事故。此类现象在煤矿现场及实际岩土工程中普遍存在，因此需要研究此类锚杆力学行为，以进一步揭示锚杆围岩相互作用关系和确保工程安全。

（2）长时蠕变失效形式分析

由于树脂锚固介质具备长期的蠕变特性，其在应力作用下易发生分子结构重新排列，从而使锚杆与围岩产生相对大的位移而诱发锚固失效，同时树脂锚固剂易受温度和时间的影响，常规支护设计中没有考虑树脂锚固介质长期蠕变特性而引发的事故层出不穷，如2006年7月10日美国波士顿90号隧道垮冒事故等。近年来，随着我国煤矿开采深度的不断加大，地压不断升高，煤矿井下的重要巷道硐室，如主副井筒、中央变电所、中央水仓、大巷等，由于服务年限较长，多采用以树脂锚固剂为黏结介质的锚杆和锚索支护；而原始的支护参数设计中多数没有考虑锚固剂蠕变特性对围岩长期安全稳定控制的影响，锚固体结构处于长时的高地压作用下，加上温度、水及动压扰动等影响，硐室围岩中易出现由锚固剂蠕变引起的单根锚杆或锚索失效、诱发群锚失效继而出现硐室围岩大变形和结构性失稳，造成不必要的安全性事故。深部高地压硐室采用树脂锚固剂为黏结介质的锚杆和锚索支护中，科学合理安全的支护参数的确定应该把锚固剂的蠕变特性考虑进来，以确保此类巷道硐室在井下复杂环境中使用的长期安全，避免此类重要场所由于锚杆体长期蠕变而引发灾难性事故。因此，进一步研究树脂锚固介质锚固体长期蠕变力学行为对确保硐室围岩体的长期稳定非常重要。

同时需要指出，由于普通锚杆支护强度低且被动承载、无法及时有效加固控制围岩体变形，目前在我国煤矿已经逐步被高预拉力锚杆、超高强预拉力锚杆支护技术替代。高预拉力锚杆、超高强预拉力锚杆安装初期施加较高的预紧力，能及时限制巷道围岩开挖初期的扩容变形并减小巷道周边围岩的破碎范围，主动强化围岩体，同时其支护特性曲线具有及时早强速增阻的特性，配合高强度支护配件能够确保对围岩提供持续有效的约束力，实现巷道围岩的长时稳定。

## 2.2 空洞树脂锚固体的力学行为

为研究空洞树脂锚固体力学行为，基于弹性理论建立空洞树脂锚固体拉拔状态下的力学模型并开展研究。

### 2.2.1 模型结构和边界条件

空洞树脂锚固体拉拔状态下力学模型的结构示意图如图 2-1 所示。考虑模型结构的对称性，取其一半进行分析。直径为 $D$ 的锚杆被厚度为 $t$ 的树脂锚固剂锚固于半径为 $b$ 的同心圆柱状岩体中。圆柱体围岩总长度为 $L$，其中上下段锚固长度分别为 $L_s$ 和 $L_x$，锚固空洞长度为 $L_0$。同时建立 $x$-$y$ 二维平面坐标系，其中 $x$ 方向为杆体锚固方向，$y$ 方向与圆柱状岩体轴向垂直。其边界条件假设为：底端锚固层和锚杆为自由无约束状态，圆柱状岩体下端及其周边采用固定约束，锚杆杆体上端受到大小为 $P$ 的拉拔力，如图 2-1 所示。

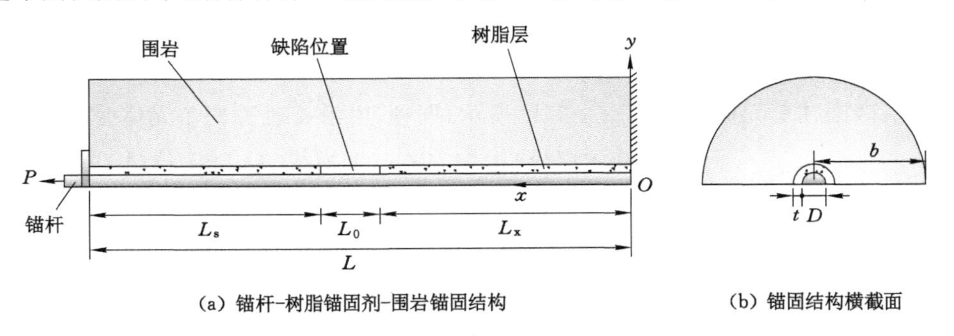


图 2-1 空洞树脂锚固体拉拔状态下力学模型结构示意图

### 2.2.2 基本假设

假设锚杆和围岩为弹性体，其弹性模量分别为 $E_s$ 和 $E_c$。同时假设锚杆杆体与树脂黏结非常好、没有相对滑移，其表面力学模型符合剪滞模型，即

$$\tau = \begin{cases} k\delta & (0 \leqslant \delta \leqslant \delta_m) \quad \text{(a)} \\ \tau_r & (\delta > \delta_m) \quad \text{(b)} \end{cases} \tag{2-1}$$

式中 $\tau$ ——杆体-树脂锚固层表面的剪应力；

$\tau_r$ ——杆体-树脂锚固层表面的残余剪应力；

$\delta$ ——杆体-树脂锚固层表面的剪切位移；

$k$ ——杆体-树脂锚固层表面的剪切模量；

$\delta_m$ ——杆体-树脂锚固层表面的最大剪切位移。

### 2.2.3 拉拔状态下空洞模型中杆体应力分布弹性解

由图 2-1 所示的空洞树脂锚固体拉拔状态下理论模型的结构中分别取锚杆和树脂层微圆柱单元体进行受力分析，如图 2-2 所示。

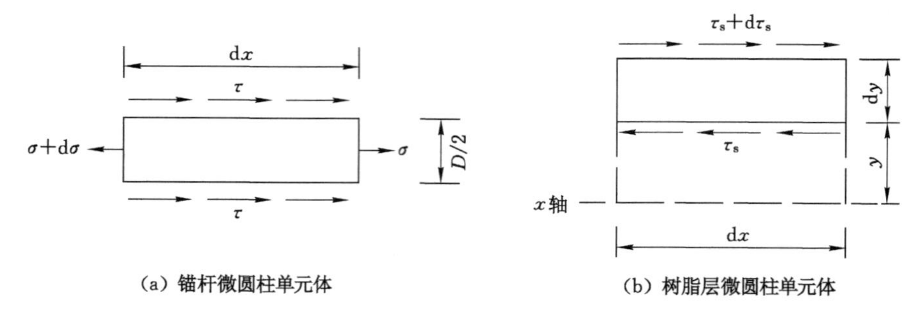


图 2-2 拉拔状态下锚杆和树脂层微圆柱单元体的力学分析

锚杆微圆柱单元体受力如图 2-2(a)所示，沿 $x$ 轴方向由微单元体受力平衡可得：

$$(\sigma+\mathrm{d}\sigma)\pi\left(\frac{D}{2}\right)^{2}=\sigma\pi\left(\frac{D}{2}\right)^{2}+\pi D\tau\,\mathrm{d}x \tag{2-2}$$

整理可得杆体-树脂锚固层表面的剪应力 $\tau$ 的微分形式：

$$\tau=\frac{D\mathrm{d}\sigma_{s}}{4\mathrm{d}x} \tag{2-3}$$

式中，$\sigma_s$ 表示锚杆杆体内的拉应力。

树脂层微圆柱单元体受力如图 2-2(b)所示，同理，由沿 $x$ 轴方向单元体受力平衡可得：

$$\frac{(\tau_{s}+\mathrm{d}\tau_{s})\pi D(y+\mathrm{d}y)\mathrm{d}x}{2}=\frac{\tau_{s}\pi Dy\,\mathrm{d}x}{2} \tag{2-4}$$

整理并略去高阶微分项可得其表达式：

$$\frac{\mathrm{d}u}{\mathrm{d}y}=-\frac{D\tau}{2yG} \tag{2-5}$$

式中，$\tau_s$ 表示与 $x$ 轴距离为 $y$ 的树脂层中的剪应力。

对方程(2-5)两边同时进行积分可得：

$$\tau_{s}=\frac{D\tau}{2y} \tag{2-6}$$

假设坐标为$(x,y)$时树脂在拉拔力作用下沿 $x$ 轴的位移为 $u$，可得：

$$\frac{\mathrm{d}u}{\mathrm{d}y}=-\frac{\tau_{s}}{G} \tag{2-7}$$

式中，$G$ 表示树脂的剪切模量。

把方程(2-6)代入方程(2-7)，整理得：

$$\frac{\mathrm{d}u}{\mathrm{d}y}=-\frac{D\tau}{2yG} \tag{2-8}$$

然后对方程(2-8)两边同时进行积分可得：

$$u=u_{1}+\frac{D\tau}{2G}\ln\frac{D}{2y} \tag{2-9}$$

式中，$u_1$ 表示杆体-树脂锚固层表面距离 $y$ 轴为 $x$ 时沿 $x$ 轴的位移。

假设树脂锚固层-围岩表面距离 $y$ 轴为 $x$ 时沿 $x$ 轴的位移为 $u_2$，把 $y=\frac{D}{2}+t$ 代入方程(2-9)可得：

$$u_2 = u_1 + \frac{D\tau}{2G}\ln(\frac{D}{D+2t}) \tag{2-10}$$

假设锚杆杆体距离 $y$ 轴为 $x$ 时沿 $x$ 轴的位移为 $u_3$，由 $u_3$ 与 $u_1$ 的差值等于杆体-树脂锚固层表面的剪切位移 $\delta$ 可得：

$$u_3 - u_1 = \delta \tag{2-11}$$

假设杆体-树脂锚固层表面相互力学行为遵循方程(2-1)(a)，把方程(2-1)(a)和方程(2-10)代入方程(2-11)可得：

$$\tau = \frac{2kG}{2G - kD\ln\dfrac{D}{D+2t}}(u_3 - u_2) \tag{2-12}$$

对方程(2-12)两边同时取 $x$ 的偏导数，可得：

$$\begin{aligned}\frac{d\tau}{dx} &= \frac{2kG}{2G+kD\ln\dfrac{D+2t}{D}}\left(\frac{du_3}{dx}-\frac{du_2}{dx}\right) = \frac{2kG}{2G+kD\ln\dfrac{D+2t}{D}}(\varepsilon_s - \varepsilon_c) \\ &= \frac{2kG}{2G+kD\ln\dfrac{D+2t}{D}}\left(\frac{\sigma}{E_s}-\frac{\sigma_2}{E_c}\right)\end{aligned} \tag{2-13}$$

式中 $\sigma_2$ ——树脂锚固层-围岩表面围岩所受的拉应力。

由 Yang 等[61]的研究结果可知：

$$\sigma_2 = \frac{P}{\pi f}A - \frac{D^2 A}{4f}\sigma \tag{2-14}$$

式中：
$$A = \frac{1}{D+2t+f} + \frac{1}{\left(\dfrac{2f^2}{3R^2}-\dfrac{2f}{R}+2\right)\left(t+\dfrac{D}{2}\right)+\dfrac{f^3}{2R^2}-\dfrac{4f^2}{3R}+f}$$

$$R = \frac{3t+1.5D+2f}{6t+3D+3f}f$$

$$f = b - \frac{D}{2} - t$$

把方程(2-3)和方程(2-14)同时代入方程(2-13)，可得：

$$\frac{d^2\sigma}{dx^2} = \frac{8kG}{2GD+kD^2\ln\dfrac{D+2t}{D}}\left[\left(\frac{1}{E_s}+\frac{D^2A}{4fE_c}\right)\sigma - \frac{PA}{\pi f E_c}\right] \tag{2-15}$$

即

$$\frac{d^2\sigma}{dx^2} - \alpha^2\sigma = -NP \tag{2-16}$$

式中：
$$\alpha^2 = \frac{8kG}{2GD+kD^2\ln\dfrac{D+2t}{D}}\left(\frac{1}{E_s}+\frac{D^2A}{4fE_c}\right)$$

$$N = \frac{8kGA}{(2GD + kD^2 \ln \frac{D + 2t}{D}) \pi f E_c}$$

假设锚空段杆体内大小为 $P_0$ 的拉拔力等效传递，即在 $L_x \leqslant x \leqslant L_s$ 段内，任何端面锚杆所受拉拔力均为 $P_0$。则 $L_x \leqslant x \leqslant L_s$ 段锚杆受力为：

$$\sigma = \frac{4P_0}{\pi D^2} \tag{2-17}$$

$$\tau = 0 \tag{2-18}$$

下面利用边界条件求解锚杆杆体内的受力。由分析可知，$0 \leqslant x \leqslant L_x$ 段锚固结构的边界条件为：

$$\sigma_{(x=L_x)} = \frac{4P_0}{\pi D^2} \tag{2-19}$$

$$\sigma_{(x=0)} = 0 \tag{2-20}$$

把方程(2-19)、方程(2-20)代入方程(2-16)，可求得 $0 \leqslant x \leqslant L_x$ 段锚杆所受拉应力分布方程：

$$\sigma = P_0 e^{\alpha x} \frac{\frac{4}{\pi D^2} - \frac{N}{\alpha^2}(1 - e^{-\alpha L_s})}{e^{\alpha L_s} - e^{-\alpha L_s}} + P_0 e^{-\alpha x} \frac{\frac{N}{\alpha^2}(1 - e^{\alpha L_s}) - \frac{4}{\pi D^2}}{e^{\alpha L_s} - e^{-\alpha L_s}} + \frac{N}{\alpha^2} P_0 \tag{2-21}$$

参考 $0 \leqslant x \leqslant L_x$ 段锚杆的受力方程(2-21)，可以假设 $L_s \leqslant x \leqslant L$ 段锚杆所受的拉应力表达式为：

$$\sigma = A e^{\alpha x} + B e^{-\alpha x} + \frac{N}{\alpha^2}(P - P_0) \tag{2-22}$$

同时，由胡克定律：

$$\frac{\sigma}{E} = \varepsilon = \frac{du_t}{dx} \tag{2-23}$$

可得：

$$u_t = \int_{x_2}^{x_1} \frac{\sigma}{E} dx \tag{2-24}$$

式中，$u_t$ 表示 $x_1 \leqslant x \leqslant x_2$ 范围内锚杆杆体的总位移。

由方程(2-24)可得，$0 \leqslant x \leqslant L_x$ 段和 $L_s \leqslant x \leqslant L$ 段锚杆杆体的总位移 $u_x$ 和 $u_s$ 可分别表示为：

$$\begin{cases} u_x = \int_0^{L_x} \frac{\sigma}{E_s} dx \\ u_s = \int_{L_s}^{L} \frac{\sigma}{E_s} dx \end{cases} \tag{2-25}$$

假设锚杆外端点施加拉拔力处的位移为 $u_t$，则 $L_x \leqslant x \leqslant L_s$ 段锚杆杆体的总位移为 $u_t - u_s - u_x$，结合方程(2-23)可得：

$$\frac{u_t - u_s - u_x}{L_0} = \frac{\sigma}{E_s} = \frac{4P_0}{\pi D^2 E_s} \tag{2-26}$$

同理，由 $L_s \leqslant x \leqslant L$ 段模型结构的边界条件可知：

$$\sigma_{(x=L_s)} = \frac{4P_0}{\pi D^2} \tag{2-27}$$

$$\sigma_{(x=L)}=\frac{4P}{\pi D^2} \tag{2-28}$$

把方程(2-24)、方程(2-25)分别代入方程(2-26)，将方程(2-27)、方程(2-28)分别代入方程(2-22)，并与方程(2-21)联立即可求出 $A$,$B$ 和 $P_0$，再把 $A$,$B$ 和 $P_0$ 反代入方程(2-21)、方程(2-22)即可求得空洞树脂锚固体锚杆拉拔状态下杆体内的拉应力分布公式，其为分段函数。

## 2.3　长时蠕变树脂锚固体的力学行为

为研究长时蠕变树脂锚固体力学行为，基于蠕变、弹性理论建立长时蠕变锚固体拉拔状态下的力学模型并开展研究。

### 2.3.1　树脂锚固介质的蠕变特性[201-208]

目前我国煤矿锚杆多采用树脂锚固剂作为锚杆与围岩黏结的介质。树脂锚固剂的主要材料是高分子合成树脂，主要有不饱和聚酯树脂、环氧树脂、聚氨酯树脂三种。其中，不饱和聚酯树脂固化后强度高、黏结力好、坚硬耐磨，并且具有耐热、耐水、耐化学介质腐蚀等许多优良的性能，价格也低，目前在我国煤矿中用途最广，居主导地位。不饱和聚酯树脂由不饱和聚酯和活性单体混溶而成，为不溶的热固性聚合物，聚合物在应力作用下易发生分子结构重新排列，表现出明显的弹黏特性，同时受时间和温度影响尤为明显。

黏弹性材料具有弹性和黏性两种不同的变形机理，其应力大小不仅与应变有关，还与应变的变化过程有关，随时间的延长其主要具有以下特性。

① 迟滞现象：在应力-应变加卸载曲线中应变响应滞后于应力，在下一个加卸载过程中应力-应变曲线形成迟滞回线。

② 应力松弛现象：在持续不变的应变条件下应力会逐渐减弱。

③ 蠕变现象：在持续不变的应力条件下应变会逐渐增加。

在温度和拉应力恒定条件下，蠕变一般可以分为三个典型的阶段，分别为初始蠕变阶段、稳定蠕变阶段和加速蠕变阶段，如图 2-3 所示。初始蠕变阶段一般呈线性、持续时间很短，变形速率比较大，但随着时间延长逐渐减小；稳定蠕变阶段是蠕变过程中时间最长的阶段，也是开展蠕变变形研究的关键阶段；加速蠕变阶段应变与应力呈负指数关系，随着变形的快速积累出现蠕变破坏，继而引发系统的突然失稳和破坏，带来灾难性后果。

研究结果表明，所有线性黏弹性模型其应力应变关系均可用 Volterra 方程表示：

$$\varepsilon(t)=\frac{\sigma(t)}{E_{\text{inst,creep}}}+\int_0^t K(t-t')\dot{\sigma}(t')\mathrm{d}t'$$

或者

$$\sigma(t)=E_{\text{inst,relax}}\varepsilon(t)+\int_0^t F(t-t')\dot{\sigma}(t')\mathrm{d}t'$$

式中　$t$——时间；

$\sigma(t)$——应力；

$\varepsilon(t)$——应变；

$E_{\text{inst,creep}}$——蠕变瞬时弹性模量；

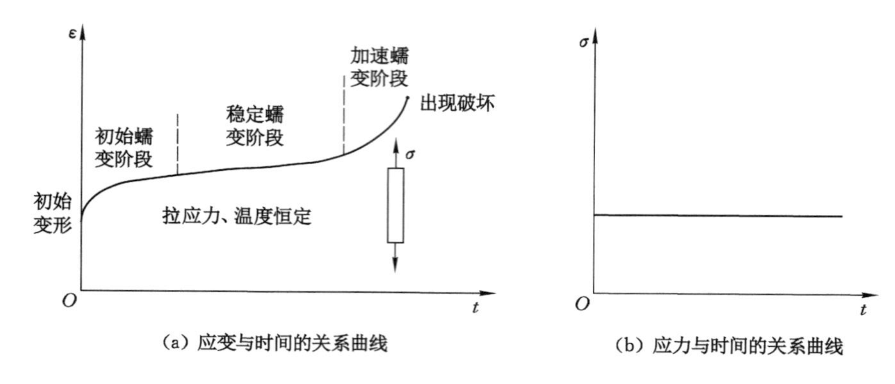


图 2-3　恒定温度、拉应力下的蠕变曲线

$E_{inst,relax}$ ——松弛瞬时弹性模量；

$K(t)$ ——蠕变方程；

$F(t)$ ——松弛方程。

## 2.3.2　树脂锚固介质黏弹性本构模型[209-214]

在黏弹性力学中，材料黏弹性多采用弹簧和阻尼器元件以串联、并联、串并联等不同方式表示，常见的基本本构模型有以下几种。

(1) Maxwell 模型

Maxwell 模型由一个弹性元件和一个黏性体元件相互串联而成，如图 2-4 所示，其应力-应变本构关系可表示为：

$$\dot{\varepsilon} = \frac{\dot{\sigma}}{E} + \frac{\sigma}{\eta}$$

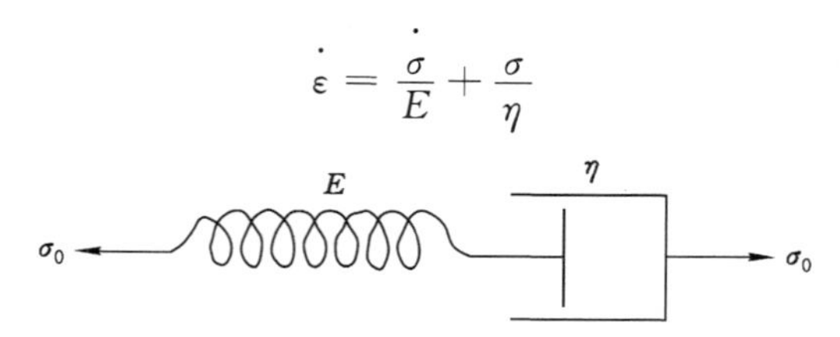


图 2-4　Maxwell 模型结构图

在应力 $\sigma_0$ 作用下，其蠕变方程可表示为：

$$\varepsilon(t) = \frac{\sigma_0}{E} + \frac{\sigma_0}{\eta}t$$

在 Maxwell 模型中，如果材料在恒定应变情况下会发生应力松弛，则在受到恒定应力作用的情况下，应变由两部分组成：瞬时弹性应变和黏性应变。其应变在恒力作用下随时间延长呈线性增长。该模型的缺点是不能精确表示聚合物(树脂锚固剂)的蠕变特性，因为多数情况下，聚合物的应变随着时间延长不断减小。

由图 2-5 可知，该模型有瞬时弹性变形，应变随时间延长呈线性增加；材料可在一定作用力下产生无限变形，并具备应力松弛特性。

(2) Kelvin-Voigt 模型

Kelvin-Voigt 模型由一个弹性元件和一个黏性体元件相互并联而成，如图 2-6 所示，其

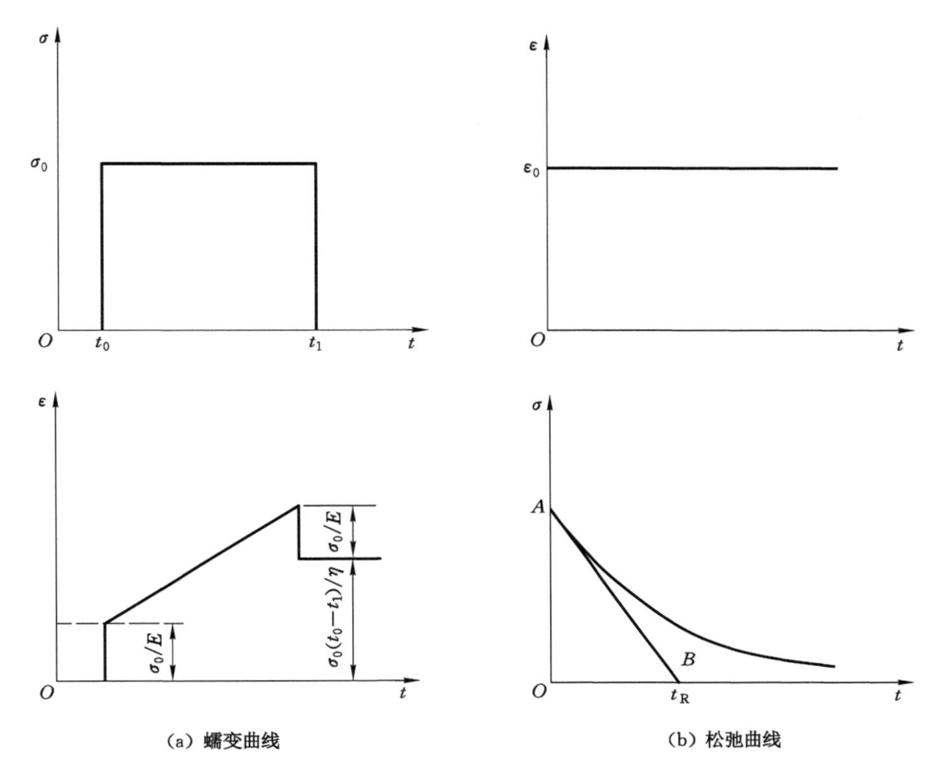


图 2-5　Maxwell 模型的蠕变曲线和松弛曲线

应力-应变本构关系可表示为：

$$\sigma_0 = E\varepsilon + \eta\dot{\varepsilon}$$

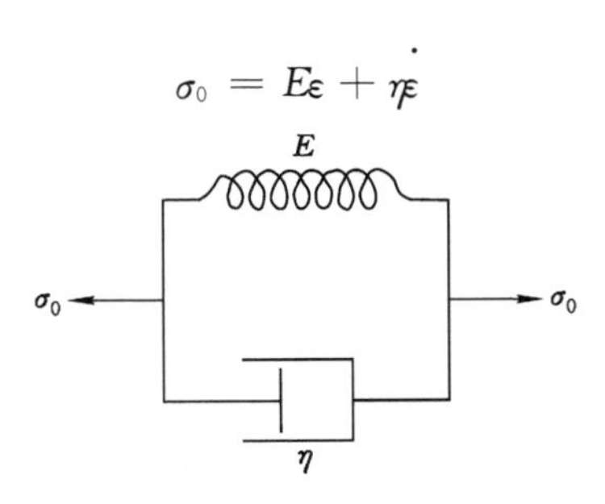


图 2-6　Kelvin-Voigt 模型结构图

在应力 $\sigma_0$ 作用下，其蠕变方程可表示为：

$$\varepsilon(t) = \frac{\sigma_0}{E}(1 - e^{-\frac{tE}{\eta}})$$

该模型可较准确地表示高分子聚合物、橡胶及受低应力作用下木材的蠕变行为，但不能反映材料的应力松弛，其蠕变曲线和弹性后效曲线如图 2-7 所示。

(3) 标准线性模型

标准线型模型由一个 Maxwell 模型和一个弹性元件相互并联或由一个 Kelvin-Voigt 模型和一个弹性元件串联而成，且两者是等效的[184]，如图 2-8 所示，以图 2-8(a)为例，其应

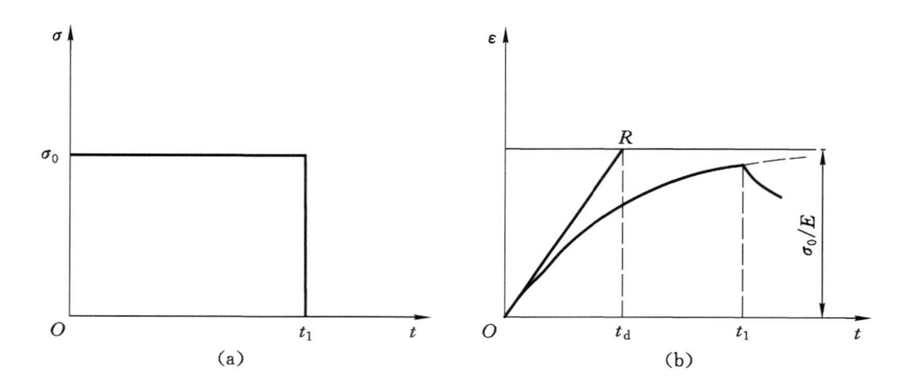


图 2-7　Kelvin-Voigt 模型蠕变曲线和弹性后效曲线

力-应变本构关系可表示为：

$$\frac{\mathrm{d}\varepsilon}{\mathrm{d}t}=\frac{\frac{E_2}{\eta}(\frac{\eta}{E_2}\frac{\mathrm{d}\sigma}{\mathrm{d}t}+\sigma-E_1\varepsilon)}{E_1+E_2}$$

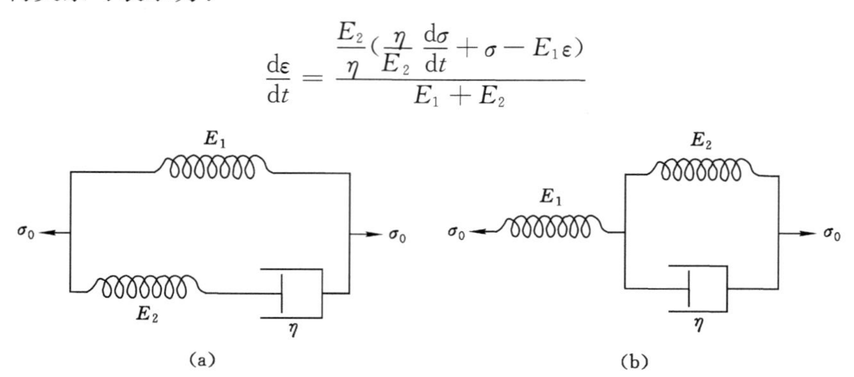


图 2-8　标准线性模型结构图

在恒定应力 $\sigma_0$ 作用下，其蠕变方程可表示为：

$$\varepsilon(t)=\frac{\sigma_0}{E_1}(1-\frac{E_2}{E_1+E_2}\mathrm{e}^{-\frac{t}{\rho}})$$

式中，$\rho=\frac{\eta}{E_1E_2}(E_1+E_2)$。

该模型在恒力作用下，材料首先发生瞬时弹性变形，紧接着发生减速蠕变变形，进入稳定蠕变阶段，适用于对高聚物的蠕变和应力松弛等现象的准确描述，其蠕变曲线和弹性后效曲线如图 2-9 所示。

（4）其他模型

除了以上黏弹性模型外，用于表述材料弹黏性特性的本构模型还有 Burgers 模型、广义 Maxwell 模型、广义 Kelvin-Voigt 模型及西原体模型等，其中部分性质与 Maxwell 模型、Kelvin-Voigt 模型相同。

由以上分析可知，对于不饱和树脂锚固剂，Maxwell 模型能反映材料应力松弛现象，但不能体现蠕变，只有稳态流动；Kelvin-Voigt 模型能反映材料蠕变过程，但不能表示应力松弛。Maxwell 模型和 Kelvin-Voigt 模型反映的松弛现象或蠕变过程都只是时间的指数函数，但多数聚合物材料的流变过程是一个较为缓慢的过程，因此它们不能准确描述材料黏弹

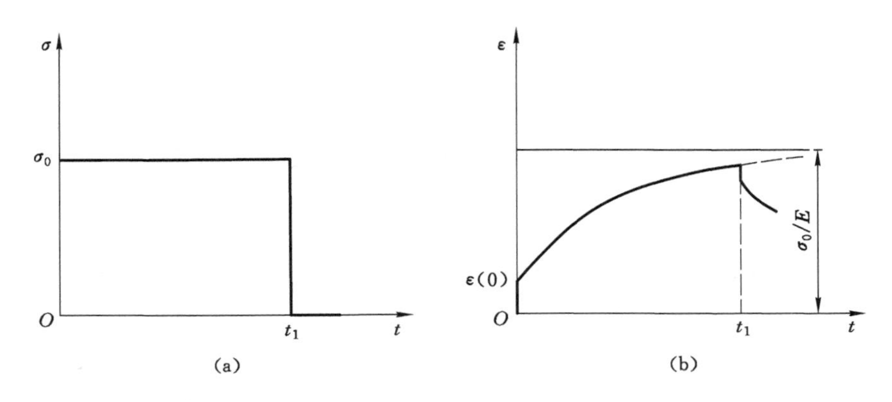


图 2-9 标准线性模型蠕变曲线和弹性后效曲线

特性。而标准线性模型具有瞬时弹性响应、减速蠕变、应力松弛、弹性后效等特性,可较准确描述高聚物黏弹特性,因此本书拟采用标准线性模型描述树脂锚固剂的长时蠕变特性。

### 2.3.3 模型结构和边界条件

树脂锚固体拉拔状态下的长时蠕变模型几何结构示意图如图 2-10 所示。直径为 $D_1$ 的锚杆被厚度为 $t_1$ 的树脂锚固剂锚固于半径为 $b_1$ 的同心圆柱状岩体中,锚固长度为 $L_1$。同时建立 $x$-$r$ 二维平面坐标系,其中 $x$ 方向为锚杆杆体锚固方向,$r$ 方向与圆柱状岩体轴向垂直。其边界条件假设为:底端锚固层和锚杆为自由无约束状态,圆柱状岩体下端及其周边采用固定约束,锚杆杆体上端受到大小为 $P_1$ 的拉拔力作用。由于拉拔力从杆体外端点逐步向锚固底端即内锚固端传递,假设树脂锚固剂与圆柱体围岩表面完全黏结而没有发生破坏。

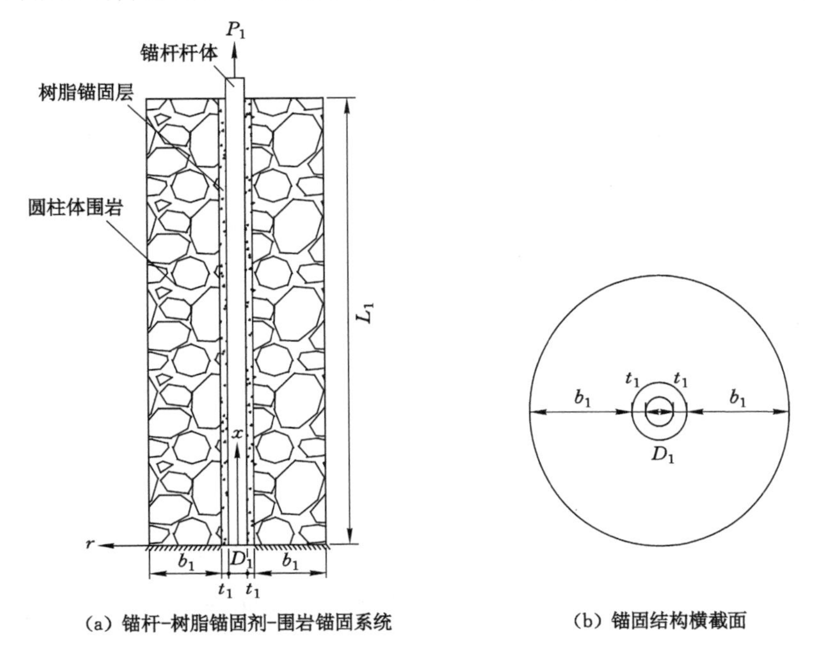


图 2-10 树脂锚固体长时拉拔状态下力学模型结构示意图

### 2.3.4 基本假设

模型基本假设同空洞树脂锚固体一样，即假设锚杆和围岩为弹性体，弹性模量分别为 $E_s$ 和 $E_c$。同时假设锚固体中锚杆杆体与树脂黏结非常好、没有相对滑移，其表面力学模型符合剪滞模型，如式(2-1)所示。

在锚固体拉拔状态下长时蠕变模型中，为准确描述树脂锚固剂的蠕变力学行为，结合上述弹黏性本构模型分析，采用标准线性模型描述树脂锚固剂的应力松弛和蠕变特征，其结构示意图如图 2-8(a)所示，模型由一个 Maxwell 模型和一个弹性元件相互并联组成，弹性元件用于表示树脂锚固剂受力时的弹性变形响应，黏性体元件用于表示树脂锚固剂与时间有关的变形。由标准线性模型的本构关系可知，树脂锚固剂的蠕变变形公式可表示为：

$$\varepsilon(t) = \frac{\sigma_0}{E_1}\left(1 - \frac{E_2}{E_1 + E_2}\mathrm{e}^{-\frac{t}{\rho}}\right) \tag{2-29}$$

式中，$\rho = \frac{\eta}{E_1 E_2}(E_1 + E_2)$；$\sigma_0$ 表示树脂锚固剂所受拉应力；$\eta$ 表示树脂锚固剂的黏度。

同时，树脂锚固剂的松弛剪切系数 $G$ 可表示为：

$$G = \frac{E}{2(1+\nu_e)} = \frac{E_1}{2(1+\nu_e)\left(1 - \frac{E_2}{E_1 + E_2}\mathrm{e}^{-\frac{T}{\rho}}\right)} \tag{2-30}$$

式中，$\nu_e$ 表示树脂锚固剂的泊松比。

### 2.3.5 拉拔状态下杆体长时应力分布的黏弹性解

由图 2-10 所示的锚杆体长时蠕变模型几何结构中分别取锚杆和树脂层微圆柱单元体进行受力分析，如图 2-11 所示。

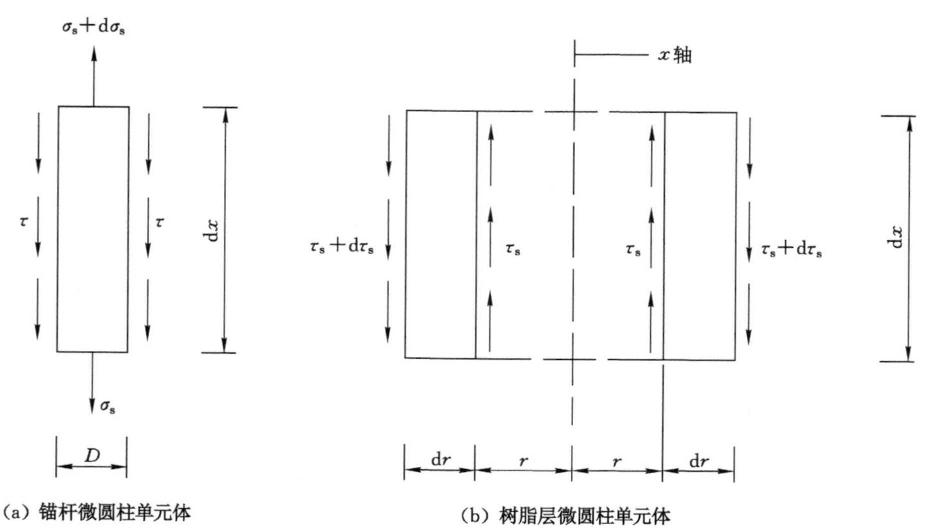


图 2-11 拉拔状态下锚杆和树脂层微圆柱单元体的力学分析

锚杆微圆柱单元体受力如图 2-11(a)所示，则沿 $x$ 轴方向微单元体受力平衡方程为：

$$(\sigma_s + d\sigma_s)\pi\left(\frac{D_1}{2}\right)^2 = \sigma_s\pi\left(\frac{D_1}{2}\right)^2 + \pi D_1\tau dx \tag{2-31}$$

整理可得杆体-树脂锚固剂表面的剪应力 $\tau$ 的微分形式：

$$\tau = \frac{D_1 d\sigma_s}{4dx} \tag{2-32}$$

式中，$\sigma_s$ 表示锚杆杆体内的拉应力。

树脂层微圆柱单元体受力如图 2-11(b)所示，同理沿 $x$ 轴方向微单元体受力平衡方程为：

$$(\tau_s + d\tau_s)\pi D_1(r + dr)dx = \tau_s\pi D_1 r dx \tag{2-33}$$

整理并略去高阶微分项可得其表达式：

$$\frac{1}{\tau_s}d\tau_s = -\frac{1}{r}dr \tag{2-34}$$

式中　$\tau_s$——与 $x$ 轴距离为 $r$ 的树脂层中的剪应力。

对方程(2-34)两边同时进行积分可得：

$$\tau_s = \frac{D_1\tau}{2r} \tag{2-35}$$

假设坐标 $(x,r)$ 点树脂锚固层在拉力作用下沿 $x$ 轴的位移为 $u$，由于树脂锚固层其本构模型为标准线性模型，则该点位移 $u$ 与其剪应力关系可表示为：

$$\frac{du}{dr} = -\frac{\tau_s}{G} = -\frac{D_1\tau}{E_1 r}(1+\nu_e)\left(1-\frac{E_2}{E_1+E_2}e^{-\frac{T}{\rho}}\right) \tag{2-36}$$

对方程(2-36)两边同时进行积分可得：

$$u = u_m + \frac{D_1\tau}{E_1}(1+\nu_e)\left(1-\frac{E_2}{E_1+E_2}e^{-\frac{T}{\rho}}\right)\ln\left(\frac{D_1}{2r}\right) \tag{2-37}$$

式中　$u_m$——杆体-树脂锚固剂表面 $(x,r)$ 点沿 $x$ 轴的位移。

假设树脂锚固剂-围岩表面 $(x,r)$ 点沿 $x$ 轴的位移为 $u_c$，把 $r=\frac{D_1}{2}+t_1$ 代入方程(2-37)可得：

$$u_c = u_m + \frac{D_1\tau}{E_1}(1+\nu_e)\left(1-\frac{E_2}{E_1+E_2}e^{-\frac{T}{\rho}}\right)\ln\left(\frac{D_1}{D_1+2t_1}\right) \tag{2-38}$$

假设锚杆杆体距离 $r$ 轴为 $x$ 时沿 $x$ 轴的位移为 $u_s$，由 $u_s$ 与 $u_m$ 的差值等于杆体-树脂锚固剂表面的剪切位移 $\delta$ 可得：

$$u_s - u_m = \delta \tag{2-39}$$

假设杆体-树脂锚固剂表面相互力学行为遵循方程(2-1)(a)，把方程(2-1)(a)和方程(2-38)代入方程(2-39)可得：

$$u_s - u_c + \frac{D_1\tau}{E_1}(1+\nu_e)\left(1-\frac{E_2}{E_1+E_2}e^{-\frac{T}{\rho}}\right)\ln\left(\frac{D_1}{D_1+2t_1}\right) = \frac{\tau}{k} \tag{2-40}$$

整理后可得：

$$\tau = \frac{E_1 k}{E_1 - D_1 k(1+\nu_e)\left(1-\frac{E_2}{E_1+E_2}e^{-\frac{T}{\rho}}\right)\ln\left(\frac{D_1}{D_1+2t_1}\right)}(u_s - u_c) \tag{2-41}$$

对方程(2-41)两边同时取 $x$ 的导数，可得：

$$\frac{d\tau}{dx}=\frac{E_1k}{E_1-D_1k(1+\nu_e)(1-\frac{E_2}{E_1+E_2}e^{-\frac{T}{\rho}})\ln(\frac{D_1}{D_1+2t_1})}(\frac{\sigma_s}{E_s}-\frac{\sigma_c}{E_c})\tag{2-42}$$

式中，$\sigma_c$ 表示树脂锚固剂-围岩表面围岩所受的拉应力。

同理，由 Yang 等[61]的研究结果可知：

$$\sigma_c=\frac{P_1}{\pi b_1}A_1-\frac{D_1^2A_1}{4b_1}\sigma_s\tag{2-43}$$

式中：$A_1=\dfrac{1}{D_1+2t_1+b_1}+\dfrac{1}{\left(\dfrac{2b_1^2}{3R_1^2}-\dfrac{2b_1}{R_1}+2\right)\left(t_1+\dfrac{D_1}{2}\right)+\dfrac{b_1^2}{2R_1^2}-\dfrac{4b_1^2}{3R_1}+b_1}$

$$R_1=\frac{3t_1+\frac{3}{2}D_1+2b_1}{6t_1+3D_1+3b_1}b_1$$

把方程(2-32)和方程(2-43)同时代入方程(2-42)，可得：

$$\frac{d^2\sigma_s}{dx^2}=\frac{4E_1k}{E_1D_1-D_1^2k(1+\nu_e)(1-\frac{E_2}{E_1+E_2}e^{-\frac{T}{\rho}})\ln(\frac{D_1}{D_1+2t_1})}\left[\left(\frac{1}{E_s}+\frac{D_1^2A_1}{4b_1E_s}\right)\sigma_s-\frac{P_1A_1}{\pi b_1E_c}\right]\tag{2-44}$$

整理可得：

$$\frac{d^2\sigma_s}{dx^2}-\alpha_1^2\sigma_s=-N_1P_1\tag{2-45}$$

式中：$\alpha_1^2=\dfrac{4E_1k}{E_1D_1-D_1^2k(1+\nu_e)(1-\frac{E_2}{E_1+E_2}e^{-\frac{T}{\rho}})\ln(\frac{D_1}{D_1+2t_1})}\left(\dfrac{1}{E_s}+\dfrac{D_1^2A_1}{4b_1E_c}\right)$

$$N_1=\frac{4E_1kA_1}{\left[E_1D_1-D_1^2k(1+\nu_e)(1-\frac{E_2}{E_1+E_2}e^{-\frac{T}{\rho}})\ln(\frac{D_1}{D_1+2t_1})\right]\pi b_1E_c}$$

由模型边界条件可知：

$$\sigma_{s(x=0)}=0\tag{2-46}$$

$$\sigma_{s(x=L_1)}=\frac{4P_1}{\pi D_1^2}\tag{2-47}$$

将方程(2-46)、方程(2-47)代入方程(2-45)，可得长时蠕变锚固体拉拔状态下锚杆受力的表达式：

$$\sigma_s=P_1e^{\alpha_1x}\frac{\frac{4}{\pi D_1^2}-\frac{N_1}{\alpha_1^2}(1-e^{-\alpha_1L_1})}{e^{\alpha_1L_1}-e^{-\alpha_1L_1}}+P_1e^{-\alpha_1x}\frac{\frac{N_1}{\alpha_1^2}(1-e^{\alpha_1L_1})-\frac{4}{\pi D_1^2}}{e^{\alpha_1L_1}-e^{-\alpha_1L_1}}+\frac{N_1}{\alpha_1^2}P_1\tag{2-48}$$

$$\tau_s=P_1e^{\alpha_1x}\frac{D_1\alpha_1}{4}\frac{\frac{4}{\pi D_1^2}-\frac{N_1}{\alpha_1^2}(1-e^{-\alpha_1L_1})}{e^{\alpha_1L_1}-e^{-\alpha_1L_1}}+P_1e^{-\alpha_1x}\frac{D_1\alpha_1}{4}\frac{\frac{N_1}{\alpha_1^2}(1-e^{\alpha_1L_1})-\frac{4}{\pi D_1^2}}{e^{\alpha_1L_1}-e^{-\alpha_1L_1}}\tag{2-49}$$

### 2.3.6 蠕变锚固体极限抗拉拔力

由胡克定律可得：

$$\sigma_s=E_s\varepsilon_1=E_s\frac{du_a}{dx}\tag{2-50}$$

式中 $\varepsilon_1$ ——锚杆沿 $x$ 轴正方向的应变；

$u_a$ ——锚杆沿 $x$ 轴正方向的位移。

对方程(2-50)两边同时积分，可得锚杆两端点的相对位移表达式：

$$\Delta u_a = \int_0^{L_1} \frac{\sigma_s}{E_s} = \frac{D_1^2 L_1 N_1 P_1 \pi \alpha_1 - 2P_1(D_1^2 N_1 \pi - 2\alpha_1^2)\tanh(\frac{L_1 \alpha_1}{2})}{D_1^2 E_s \pi \alpha_1^2} \tag{2-51}$$

对方程(2-36)两边同时积分并考虑模型的边界条件，可得到锚杆在 $x = 0$ 点即锚杆锚固段内端点位移相对时间的表达式：

$$u_{m(x=0)} = -\frac{D_1 \tau(0)}{E_1}(1+\nu_e)(1-\frac{E_2}{E_1+E_2}e^{-\frac{T}{\rho}})\ln(\frac{D_1}{D_1+2t_1}) \tag{2-52}$$

同理，可得到锚杆在 $x = L_1$ 点，即锚杆外端点位移相对时间的表达式：

$$u_{(x=L_1)} = \Delta u_a + u_{m(x=0)} \tag{2-53}$$

锚固体在拉拔力的作用下，开裂破坏位置可能出现在锚杆锚固段内端点、锚杆外端点(拉拔力作用点)或两点同时出现[13,30,31]。本模型中，仅考虑并研究锚固体各单元的表面的开裂破坏位置出现在锚杆外端点。

把 $x = L_1$ 代入方程(2-49)并令其等于 $\tau_u$，则锚固体出现开裂破坏前的极限抗拉拔力 $P_{ini}$ 可表示为：

$$P_{ini} = \frac{4\tau_u}{D_1 \alpha_1} \frac{e^{\alpha_1 L_1} - e^{-\alpha_1 L_1}}{\left(\frac{4}{\pi D_1^2} - \frac{N_1}{\alpha_1^2}\right)(e^{\alpha_1 L_1} + e^{-\alpha_1 L_1}) + \frac{2N_1}{\alpha_1^2}} \tag{2-54}$$

式中，$\tau_u$ 为锚杆-树脂锚固剂表面的剪应力。

# 3 树脂锚固体应力分布及演化特征研究

树脂锚杆杆体内应力的变化可以在一定程度上反映围岩的活动情况，可用于评估巷道围岩的锚杆支护效果及稳定性，以确保树脂锚杆支护巷道的长期稳定性。而影响树脂锚杆支护效果和锚固体力学特性的因素有很多，比如锚固长度、杆体直径、安装孔大小、锚固剂力学特性及围岩力学特性等，分析和研究各种影响因素并揭示各种因素之间的关系，对于提高树脂锚杆支护效果、优化支护参数、降低支护成本、确保支护长期安全至关重要。20 世纪 60 年代出现并得到广泛应用的有限单元法，使经典力学解析方法难以解决的工程力学问题可以得到求解。20 世纪 80 年代以来数值计算分析方法成为岩石力学分析计算的主要手段，特别是随着各种大型有限元分析软件的开发和上市，各种数值模拟分析软件在各国土木、采矿、水利等领域得到了广泛的应用，并随着计算机技术的飞速发展，得到不断改进和完善，日益成为研究岩石工程问题的可靠且必不可少的工具[215]。

本章以两种树脂锚固体力学模型为研究对象，采用 ABAQUS 数值模拟分析软件，对比分析数值模型与理论模型，开展两种锚固体模型杆体应力分布及演化特征研究，同时对影响两种树脂锚固体力学性能的主要因素展开分析。

## 3.1 参数测定及数值模型建立

### 3.1.1 实验室力学参数测定试验

3.1.1.1 *粉细砂岩单轴压缩试验*

室内岩石物理力学特性试验的试样取自望峰岗矿－812 m 水平的地应力测试孔，均为粉细砂岩。试样现场采集后及时用塑料薄膜密封包装，运送至地面并马上用塑料薄膜进行补封处理，因此所取试样的各物理指标与原位状态基本一致。试件加工全部按照国际岩石力学学会（IRSM）试验建议方法的要求进行，加工成标准试件 14 个。力学性质测试试验依据《工程岩体试验方法标准》（GB/T 50266—2013），粉细砂岩室内试验内容包括岩石基本物理性质试验、单轴压缩试验，试验室温 25 ℃、环境湿度 75%，单轴压缩试验在 INSTRON 1346 型电液伺服材料试验机上进行。单轴压缩试验使用了一个量程为 0～2 000 kN 的垂直载荷传感器，一个量程为 0～100 mm 的垂直位移传感器、两个水平位移传感器，试验时加载速率为0.01 mm/s，采用横向位移控制方式；试验结果包括风干密度、饱和密度、吸水率、饱和单轴抗压强度、弹性模量、变形模量、泊松比。试验结果如图 3-1、图 3-2 及表 3-1、表 3-2 所示。

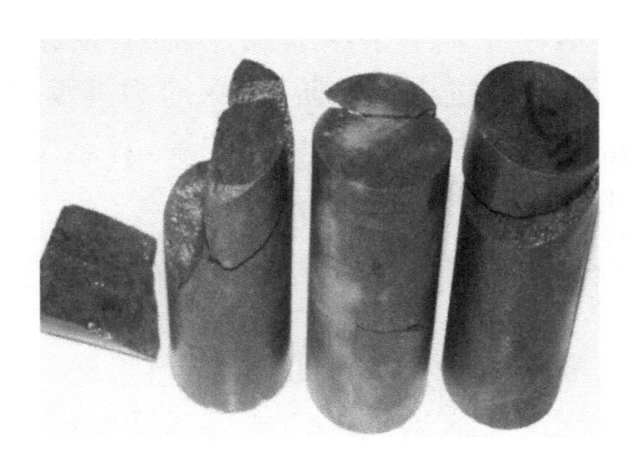

图 3-1　饱和试验后部分试件解体照片

图 3-2　单轴压缩试验试件破坏特征

**表 3-1　岩石物理性质试验结果**

| 试件编号 | 岩 性 | 试件直径/mm | 试件高度/mm | 干密度/(g/cm³) | 饱和密度/(g/cm³) | 吸水率/% |
|---|---|---|---|---|---|---|
| 粉 1 | 粉细砂岩 | 47.84 | 101.94 | 2.59(烘干) | 2.63 | 1.55 |
| 粉 2 | 粉细砂岩 | 47.36 | 102.90 | 2.56(烘干) | 2.59 | 1.17 |
| 粉 3 | 粉细砂岩 | 47.32 | 102.96 | 2.61(烘干) | 2.65 | 1.48 |
| 粉 4 | 粉细砂岩 | 47.10 | 102.22 | 2.62(烘干) | 2.66 | 1.38 |
| 粉 5 | 粉细砂岩 | 47.94 | 100.82 | 2.60(烘干) | 2.64 | 1.40 |
| 粉 6 | 粉细砂岩 | 47.46 | 99.32 | 2.64(烘干) | 2.69 | 1.86 |
| 粉 7 | 粉细砂岩 | 47.74 | 101.32 | 2.58(烘干) | 2.62 | 1.59 |
| 粉 8 | 粉细砂岩 | 47.98 | 101.48 | 2.61(自然) | 2.61 | 0.15 |
| 粉 9 | 粉细砂岩 | 47.26 | 102.92 | 2.60(自然) | 2.61 | 0.21 |
| 粉 10 | 粉细砂岩 | 49.86 | 102.00 | 2.37(自然) | 2.38 | 0.24 |
| 粉 11 | 粉细砂岩 | 47.32 | 101.78 | 2.64(自然) | 2.65 | 0.37 |
| 粉 12 | 粉细砂岩 | 47.58 | 100.40 | 2.61(自然) | 2.62 | 0.22 |
| 粉 13 | 粉细砂岩 | 46.58 | 100.12 | 2.71(自然) | 2.72 | 0.18 |
| 粉 14 | 粉细砂岩 | 45.56 | 103.08 | 2.76(自然) | 2.76 | 0.19 |

**表 3-2　岩石单轴压缩力学性质试验结果**

| 试件编号 | 岩性 | 饱和单轴抗压强度/MPa | 弹性模量/GPa | 变形模量/GPa | 泊松比 |
|---|---|---|---|---|---|
| 1 | 粉细砂岩 | 45.11 | 13.142 | 11.013 | 0.23 |
| 2 | 粉细砂岩 | 78.08 | 20.510 | 17.062 | 0.25 |
| 3 | 粉细砂岩 | 59.09 | 34.780 | 26.861 | 0.26 |
| 4 | 粉细砂岩 | 50.97 | 21.042 | 18.992 | 0.21 |
| 5 | 粉细砂岩 | 48.95 | 37.031 | 28.133 | 0.36 |

单轴压缩试验共完成 5 个试件，由试验结果可以看出，岩石应力应变曲线呈上凹→直线

→破坏的规律。这表明此类岩石试件内部不同程度地存在微小裂隙或孔隙，在轴向压力的作用下，起始阶段裂隙或孔隙沿试件轴向逐渐被压密；然后进入弹性阶段；主应力继续增加，试件内部裂隙横向扩展，岩石进入塑性阶段，并随应力的增加裂隙进一步扩展，直至试件破坏。试验结果表明，本次试验的粉细砂岩在自然状态下单轴抗压强度 $\sigma_c$ 为 45.11～78.08 MPa，弹性模量 $E$ 为 13.142～37.031 GPa，变形模量 $E_{50}$ 为 11.013～28.133 GPa，泊松比 $\mu$ 为 0.21～0.36。

参照中国科学院武汉岩土力学研究所提供的《淮南望峰岗矿－820C15 顶板联络巷围岩物理力学性质室内试验研究报告》，并对比以往对淮南矿区同类条件岩石的试验结果，结合本次试验岩样的具体情况综合考虑后，最终确定望峰岗矿－820C15 顶板联络巷围岩物理力学参数取值如表 3-3 所示。

**表 3-3　望峰岗矿－820C15 顶板联络巷围岩物理力学参数**

| 岩性 | 密度/(kg/m³) | 弹性模量/GPa | 单轴抗压强度/MPa | 泊松比 |
|---|---|---|---|---|
| 粉细砂岩 | 2 614 | 20.41 | 56.44 | 0.24 |

#### 3.1.1.2　锚杆杆体抗拉力学试验

锚杆杆体力学参数测试试验在中国矿业大学煤炭资源与安全开采国家重点实验室的 600 kN 万能试验机上进行，试验机如图 3-3 所示。其最大工作载荷为 600 kN，最大位移为 500 mm。杆体试件长度为 500 mm，有效长度为 300 mm，能够满足试验要求。

图 3-3　600 kN 万能试验机

锚杆杆体均取自煤矿现场使用的锚杆，按杆体直径所测试件共分为两类：$\phi$20 mm、$\phi$22 mm，每组 3 件，分别在万能试验机上进行拉伸试验，分别测试锚杆在拉伸破坏过程中的屈服载荷、破坏载荷以及延伸量等力学参数。

具体试验测试过程详见图 3-4。两组锚杆试样拉断破坏后的实照图如图 3-5 所示。

试验过程中采用计算机进行数据记录和采集，经过两组 6 个试样的测试，最终的测试结果见表 3-4，其中第一组试样测试曲线如图 3-6 所示。

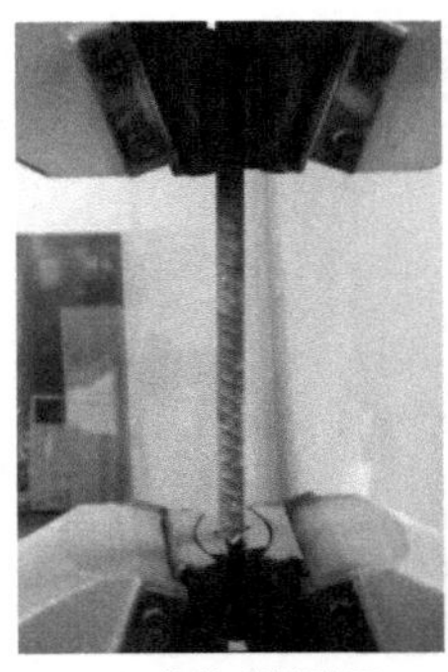
(a) 抗拉弹性阶段

(b) 抗拉颈缩阶段

(c) 抗拉塑性阶段

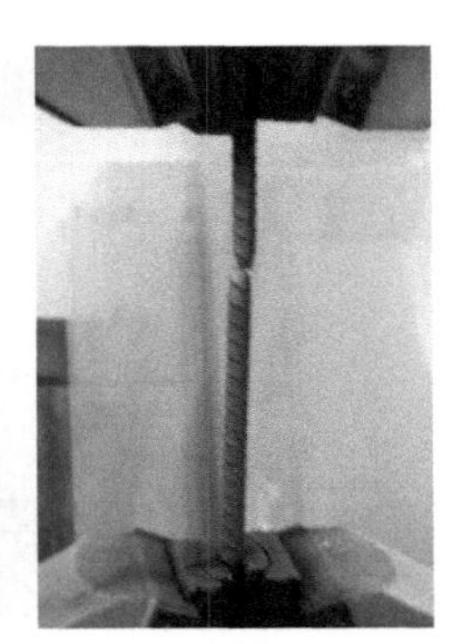
(d) 抗拉破断阶段

图 3-4 第一组试样抗拉试验实照图

(a) 第一组锚杆试样拉断破坏后的实照图

(b) 第二组锚杆试样拉断破坏后的实照图

图 3-5 两组锚杆试样拉断破坏后的实照图

**表 3-4 锚杆力学参数**

| 锚杆组号 | 试样编号 | 有效尺寸/mm | | 屈服载荷/kN | 平均屈服载荷/kN | 破断载荷/kN | 平均破断载荷/kN | 延长量/mm | 延伸率/% | 平均延伸率/% |
|---|---|---|---|---|---|---|---|---|---|---|
| | | 直径 | 长度 | | | | | | | |
| 第一组 | 1# | 20 | 300 | 131.04 | 129.94 | 204.36 | 204.53 | 77.93 | 25.98 | 26.49 |
| | 2# | 20 | 300 | 129.01 | | 204.53 | | 77.26 | 25.75 | |
| | 3# | 20 | 300 | 129.77 | | 204.70 | | 83.21 | 27.74 | |
| 第二组 | 4# | 22 | 300 | 147.19 | 146.03 | 213.99 | 215.45 | 88.81 | 29.60 | 29.59 |
| | 5# | 22 | 300 | 144.49 | | 215.11 | | 88.70 | 29.57 | |
| | 6# | 22 | 300 | 146.42 | | 217.25 | | 88.83 | 29.61 | |

通过对比分析以上试验结果并结合锚杆厂家提供的力学参数，确定锚杆杆体的弹性模量和泊松比分别为 $1.95\times10^5$ MPa 和 0.25。

3.1.1.3 树脂锚固剂的力学参数

树脂锚固剂是煤矿目前应用最广泛的黏结锚固材料，它由高性能不饱和聚酯树脂、固化剂、促进剂、填料和其他化学助剂等组成。

Almagableh 等[216]采用 TA Instrument Model Q800 型动态机械分析仪在恒力等温变

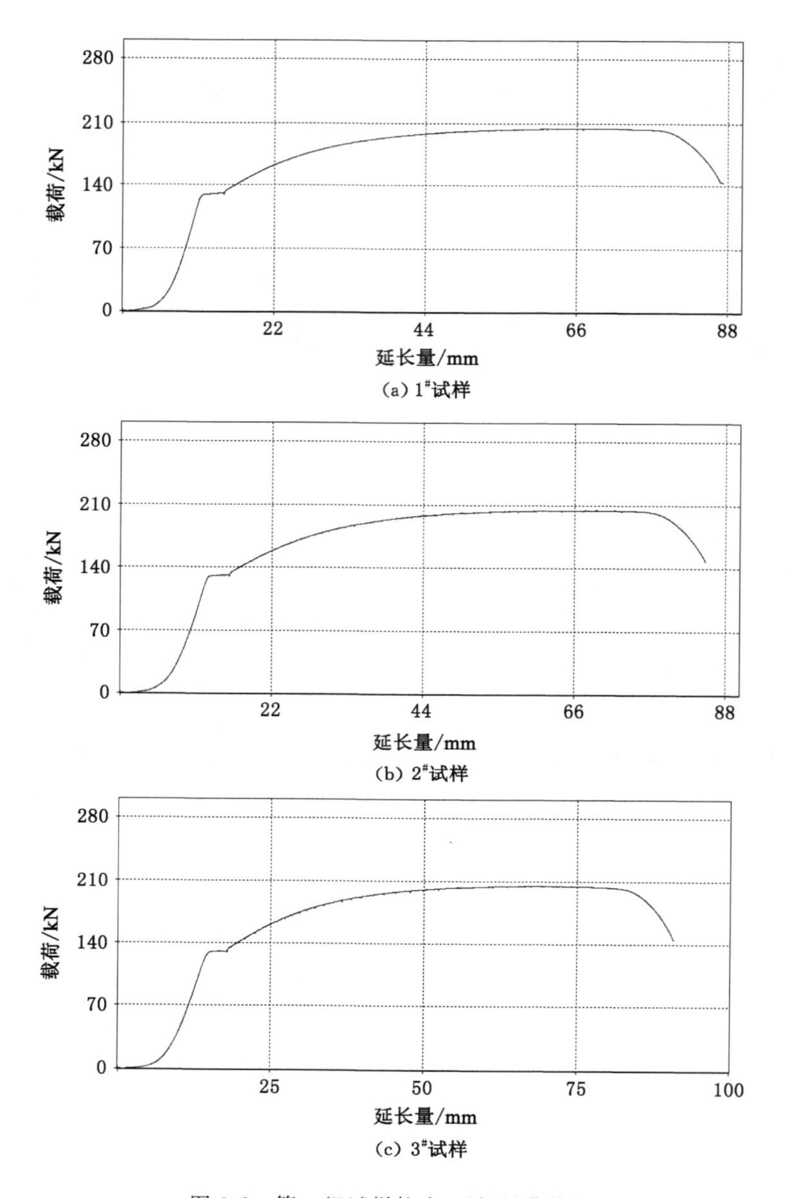

(a) 1#试样

(b) 2#试样

(c) 3#试样

图 3-6 第一组试样拉力-延长量曲线图

化条件下进行了乙烯基酯聚合物的蠕变试验，获得了不同温度下聚合物短时蠕变及应力松弛曲线。根据其试验测试结果，由标准线性模型松弛曲线的平移特性，可以得到环氧树脂锚固剂在 44 ℃条件下的长时松弛模量曲线，如图 3-7 所示。

通过回归分析获得曲线的数学表达式：

$$E_{松弛} = -15\ 032\ln T + 364\ 333$$

其中，$R^2 = 0.980\ 3$。

基于 Almagableh 等的试验研究结果，并结合已有的研究成果，如表 3-5 所示，本书中树脂锚固剂的弹性模量取 2 274 MPa，泊松比取 0.30。

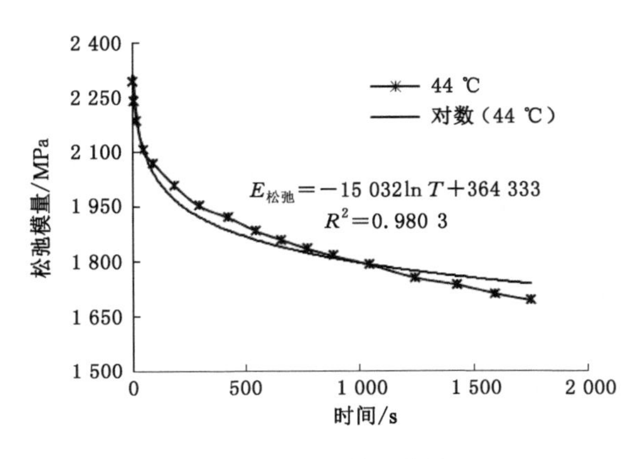


图 3-7　松弛模量曲线

**表 3-5　树脂锚固剂的力学参数[3]**

| 参数 | 取值 |
| --- | --- |
| 抗压强度/MPa | ≥60 |
| 剪切强度/MPa | ≥35 |
| 弹性模量/MPa | $\geqslant 1.7\times 10^4$ |
| 密度/($g/cm^3$) | 1.9～2.2 |
| 泊松比 | ≥0.3 |

### 3.1.2　数值模型建立

#### 3.1.2.1　ABAQUS 软件功能简介

ABAQUS 软件由达索 SIMULIA 公司开发，是一款功能强大的用于工程模拟的有限元软件，拥有丰富的材料模型库，可解决从相对简单的线性分析到许多复杂的非线性问题。ABAQUS/CAE 是 ABAQUS 有限元分析的前后处理模块，也是建模、分析和仿真的人机交互平台，该模块具有许多独特功能与特点，如 CAD 建模方式、参数化建模、数据管理系统等极大地方便了 ABAQUS 用户。除此之外，同其他数值模拟软件相比，ABAQUS 在岩土工程中的应用具有以下几个方面的优点[214]。

① 拥有强大的岩土本构模型。ABAQUS 具有丰富的与岩土相关的本构模型，如 Elasticity、Mohr-Coulomb Model、Modified Drucker-Prager Models、Linear Drucker-Prager Model、Hyperbolic Model、Exponent Model、Flow in the Hyperbolic and Exponent Models、Coupled Creep and Drucker-Prager Plasticity、Modified Cam-Clay Model、Modified Cap Model、Coupled Creep and Cap Plasticity、Jointed Material Model，因此非常适合岩土工程研究，可以考虑固结、渗流、稳定、开挖、填方、耦合（温度、应力、渗流等）、地震分析等众多问题。

② 使用 Newton-Raphson 迭代法求解非线性问题。非线性分析问题的求解与求解线性问题不同，不能只求解一组方程即可，而是逐步施加给定的载荷，以增量形式趋于最终解。因此，ABAQUS 将计算过程分为许多载荷增量步，并在每个载荷增量步结束时寻求近似的

平衡，通常要经过若干次迭代最终找到某一载荷增量步的可接受解，所有增量响应的和就是非线性分析的近似解。

③ 具备强大的网格剖分能力。ABAQUS 有着强大的网格剖分能力，针对复杂的模型可以先剖分成超单元，然后可以进一步划分为较为理想的六面体。还可以用 PATRAN、HYPERMESH、TRUEGRID 作为网格划分软件进而导入 ABAQUS 计算。

④ 有着强大的二次开发能力。ABAQUS 留有 47 个用户接口，可以根据需要编写任何本构模型、接触单元、用户单元等，可以构建任何用户需要的东西。

由于 ABAQUS 优秀的分析能力和模拟复杂系统的可靠性，ABAQUS 作为通用的模拟工具目前已在世界各国岩土界广泛使用，ABAQUS 产品在大量与岩土工程相关的研究中都发挥着巨大的作用。目前其国内客户包括清华大学、上海交通大学、中国矿业大学、华中科技大学、武汉大学等高校，具有广阔的发展前景。

#### 3.1.2.2 模型几何尺寸及边界条件

(1) 几何尺寸

以两种锚固体力学模型为研究对象，参考现场实际支护参数和锚固长度，并考虑一定的边界效应，两种锚固体的实际圆柱体外围尺寸取：直径×高＝1.6 m×1.5 m。利用理论模型结构的对称性，为节省计算成本，采用 ABAQUS 数值模拟软件建立二维数值模型，模型几何尺寸为：长×宽＝0.8 m×1.5 m，坐标 $x\in(0,0.8\ \text{m})$，$y\in(0,1.5\ \text{m})$，其中 $x$ 轴方向为与圆柱状岩体轴向垂直方向，$y$ 轴方向为锚杆杆体锚固方向。与理论模型对应的数值模型如图 3-8 所示。

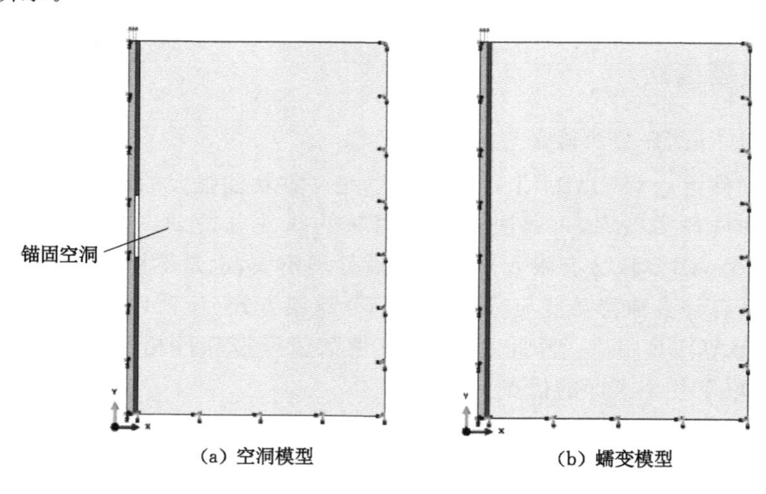

图 3-8 ABAQUS 数值模拟模型图(红色：树脂锚固层；灰色：围岩；青色：锚杆)

(2) 边界条件

边界采用位移边界，基于数值模型的对称性，确定如下。

沿对称轴约束为：U1＝UR2＝UR3＝0；

围岩右边界约束：U1＝0；

围岩下端边界约束：U2 ＝0。

#### 3.1.2.3 本构模型及力学参数

(1) 本构模型

根据模型的研究目的和经验，空洞锚固模型采用弹性模型，蠕变锚固模型中树脂锚固剂的主要材料是某些高分子合成树脂，表现出明显的弹黏特性，因此模型中树脂锚固层运用ABAQUS中黏弹性力学本构模型进行模拟，首先在ABAQUS中输入松弛模量曲线，然后通过软件内置公式计算得到Prony级数来描述其蠕变特性。ABAQUS中描述各向同性黏弹性线性遗传积分公式为[180]：

$$\sigma(t)=\int_0^t 2G(\zeta-\zeta')\dot{e}\mathrm{d}t'+I\int_0^t K(\zeta-\zeta')\dot{\varphi}\mathrm{d}t'$$

$$\zeta=\int_0^t \frac{\mathrm{d}t'}{A_\theta(\theta(t'))}$$

$$\frac{\mathrm{d}\zeta}{\mathrm{d}t}=\frac{1}{A_\theta(\theta(t))}$$

式中 $\dot{e}$——应力偏量；

$I$——张量符号；

$\dot{\varphi}$——体积应变；

$K$——体积模量；

$G$——剪切模量；

$t$——时间；

$\theta$——温度；

$A_\theta$——位移函数方程。

最常用的位移函数方程为 Williams-Landell-Ferry 方程，其形式如下：

$$-\lg A_\theta=h(\theta)=\frac{C_1^{\mathrm{g}}(\theta-\theta_{\mathrm{g}})}{C_2^{\mathrm{g}}+(\theta-\theta_{\mathrm{g}})}$$

式中，$C_1^{\mathrm{g}}$ 和 $C_2^{\mathrm{g}}$ 表示常数；$\theta_{\mathrm{g}}$ 表示玻璃化转变温度。

模型中锚杆-锚固层-围岩之间界面采用ABAQUS中interface属性的tie命令实现。

(2) 力学参数

模型中涉及的力学参数主要包括锚杆直径、锚固层厚度、锚固长度等。参考实验室试验结果，结合现场实际并考虑边界的尺寸效应等，模拟分析所用到的力学参数如表3-6所示。这里需要指出所选参数并非现场真实参数，只为分析和求解两个模型的应力分布特性等。为确保参数的一致性，理论计算过程中 $u_t$ 大小由数值模拟结果确定。

**表3-6 模拟分析所用到的力学参数**

| 序号 | 参数 | 取值 | 序号 | 参数 | 取值 |
|---|---|---|---|---|---|
| 1 | $D$/m | 0.022 | 9 | $E_s$/MPa | 195 000 |
| 2 | $t$/m | 0.006 | 10 | $\nu_s$ | 0.25 |
| 3 | $L$/m | 0.60 | 11 | $E_c$/MPa | 20 000 |
| 4 | $L_s$/m | 0.25 | 12 | $\nu_c$ | 0.24 |
| 5 | $L_x$/m | 0.25 | 13 | $E_e$/MPa | 2 274 |

**表 3-6(续)**

| 序号 | 参数 | 取值 | 序号 | 参数 | 取值 |
|---|---|---|---|---|---|
| 6 | $L_0$/m | 0.10 | 14 | $\nu_e$ | 0.30 |
| 7 | $b$/m | 0.40 | 15 | $E_1$/MPa | 810 |
| 8 | $P$/N | 2 500 | 16 | $E_2$/MPa | 1 464 |

表中：$\nu_s$表示锚杆的泊松比；$\nu_c$表示围岩的泊松比；$\nu_e$表示树脂的泊松比。

3.1.2.4　观测线的布设

锚固体中锚杆杆体拉应力的分布一定程度上反映了围岩内部的稳定程度和围岩内部应力分布特征。考虑满足研究目的，验证两种理论模型，并揭示锚固体模型杆体内部应力的分布及演化特征，监测内容按图 3-9 布置，主要包括沿杆体方向应力、围岩表面位移及杆体外端点位移，共 3 项监测内容。

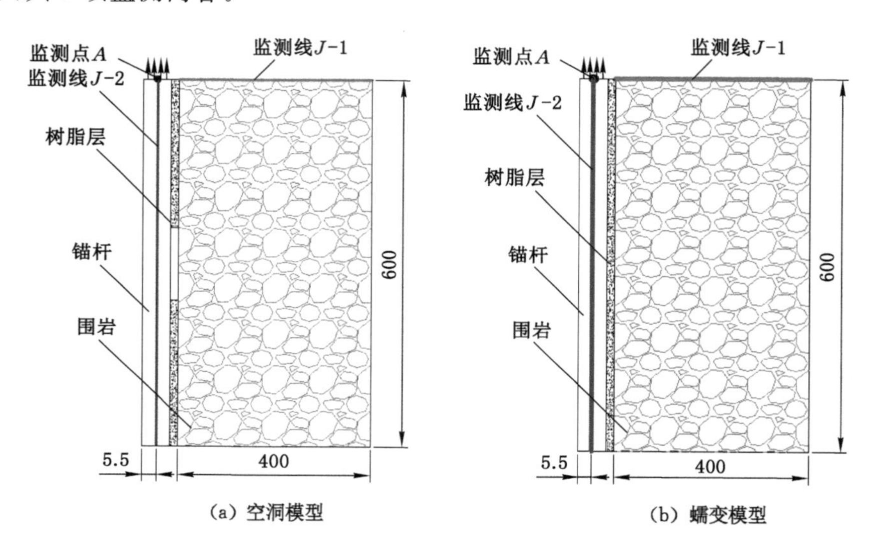


图 3-9　监测线及监测点布置图

## 3.2　空洞树脂锚固体拉拔状态下的应力分布及演化特征

### 3.2.1　网格大小

锚杆、树脂及围岩模型体都采用 ABAQUS 数值模拟软件中线性减缩积分 CAX4R 单元体来模拟，该单元体具有以下优点：适用于大变形分析，当网格扭曲变形非常大时，分析精度不会降低，且在弯曲载荷下不易发生剪切自锁。通过调整网格大小对比分析线弹性模型对计算精度的影响，找到最优网格大小，对比分析结果如图 3-10 所示，由图可知当网格尺寸小于 0.025 时计算结果趋于收敛。空洞锚固模型共划分 6 984 个单元、7 343 个节点。

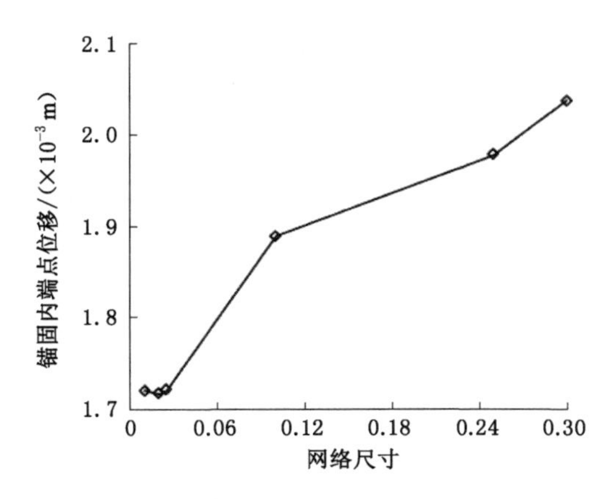


图 3-10 线弹性模型中网格尺寸大小的影响

### 3.2.2 锚杆杆体应力分布特征

锚杆杆体拉应力 $\sigma_s$ 沿锚固方向的分布曲线如图 3-11 所示，其中理论曲线是把表 3-6 中参数代入式(2-21)计算得到的，杆体外端点的位移取数值模拟监测点 $A$ 的最终位移。从图中可知，理论计算结果与数值模拟结果两者拟合较好，数值模拟可以进一步验证理论模型的正确性。同时从图 3-11 中可知，沿锚杆锚固方向杆体内拉应力逐渐减小，但在锚固空洞位置会出现明显的“拉应力平台”。

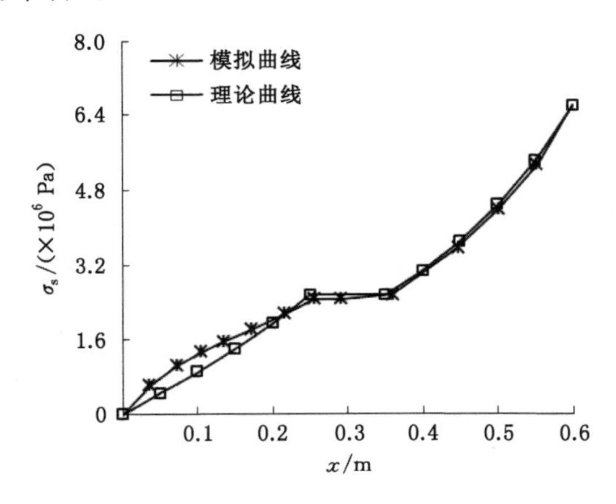


图 3-11 拉应力 $\sigma_s$ 沿锚固方向的分布曲线

对图 3-11 中模拟曲线及理论曲线分别分三段进行拟合，可得方程(3-1)和方程(3-2)。

$$\sigma_{模拟}=\begin{cases}10^7x^2+10^7x+124\ 058 & (0\leqslant x\leqslant L_x)\\ 2.40\times 10^6 & (L_x\leqslant x\leqslant L_s)\\ 6.075\times 10^5 e^{3.941\ 5x} & (L_s\leqslant x\leqslant L)\end{cases}\tag{3-1}$$

$$\sigma_{理论}=\begin{cases}8\times 10^6x^2+8\times 10^6x+9\ 734.6 & (0\leqslant x\leqslant L_x)\\ 2.55\times 10^6 & (L_x\leqslant x\leqslant L_s)\\ 6.73\times 10^5 e^{3.794\ 7x} & (L_s\leqslant x\leqslant L)\end{cases}\tag{3-2}$$

为进一步研究锚杆杆体"拉应力平台"的特征，分别对方程(3-1)、方程(3-2)求 $x$ 的一阶导数，可得到 $d\sigma_s/dx$ 沿锚固方向的分布曲线，如图 3-12 所示。从图 3-12 中可知，与"拉应力平台"对应的杆体位置拉应力的一阶导数在锚固空洞位置出现了"急剧下降段"。由此可以判定，如果杆体内拉应力的一阶导数分布曲线出现急剧下降就可以推断出此位置锚杆出现了"空洞"。而目前锚杆杆体内拉应力的分布曲线在工程现场可以用测力锚杆测得，进而可以求出其一阶导数的分布曲线，参考上述结论可以推断出巷道围岩中是否有离层破碎等空洞情况存在及具体区间位置。同时如果围岩中存在多处不连续的锚固空洞，那么对应位置上杆体拉应力 $\sigma_s$ 的一阶导数就会出现几个"急剧下降段"，也就是说沿锚杆锚固方向可能存在多个"中性点"，这和 Björnfot 等[39]的研究结论一致。

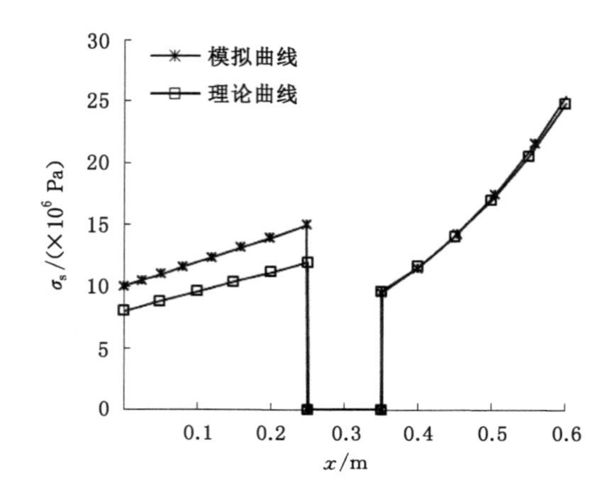


图 3-12 $d\sigma_s/dx$ 沿锚固方向的分布曲线

### 3.2.3 位移及应力演化特征

#### 3.2.3.1 拉拔过程中沿锚杆方向围岩位移的演化特征

拉拔过程中不同增量步下岩体表面沿杆体方向的位移曲线如图 3-13 所示。由图中可知，拉拔过程中，越靠近杆体安装孔洞岩体表面沿杆体方向的位移越大，并随着增量步的增加位移不断增大，且沿着杆体径向呈负指数形式下降，同时越靠近杆体安装孔洞，岩体表面位移增速越大。

拉拔过程中不同增量步下围岩体沿杆体方向的位移演化过程如图 3-14 所示。由图 3-14 可知，在拉拔过程中，随着增量步的不断增加岩体表面沿杆体方向的位移不断增大，并在岩体内部由安装孔洞最外端位置向岩体内部呈半椭球体形状扩展。

#### 3.2.3.2 拉拔过程中杆体内拉应力的演化特征

拉拔过程中不同增量步下沿监测线 $J$-2 杆体内拉应力 $S_{22}$ 的演化过程如图 3-15 所示，拉拔过程中不同增量步下沿监测线 $J$-2 杆体内拉应力 $S_{22}$ 的演化曲线如图 3-16 所示。由图 3-15、图 3-16 可知，拉拔过程中，在拉应力作用下，随着增量步的增加，杆体内拉应力从杆体外端头逐渐向杆体内端头演化，同时杆体内拉应力 $S_{22}$ 也不断增加，增长速度由外端头向里逐渐降低，直到杆体外端头处拉应力 $S_{22}$ 增加到与外载荷相等，此时杆体内拉应力 $S_{22}$ 达到

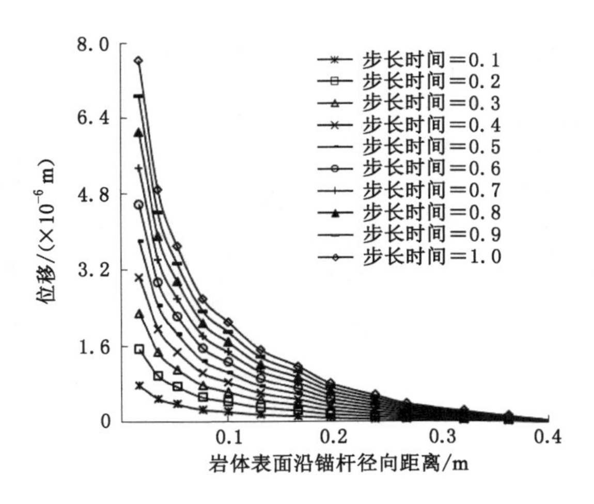


图 3-13 拉拔状态下不同增量步时监测线 $J$-1 沿杆体方向的位移演化曲线

稳定状态，不再变化。在这一过程中，杆体内“拉应力平台”一直存在，并随着锚固体内拉应力不断扩增而增大。

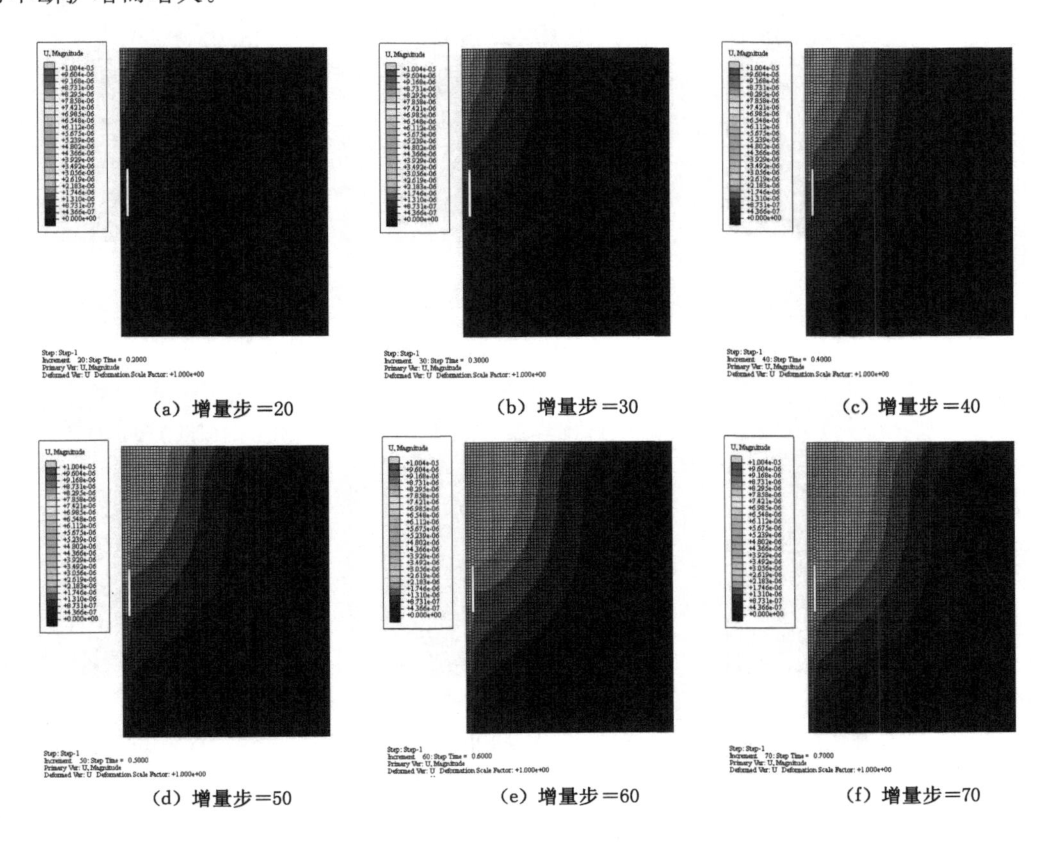


图 3-14 拉拔状态下不同增量步下沿杆体方向围岩体位移演化过程

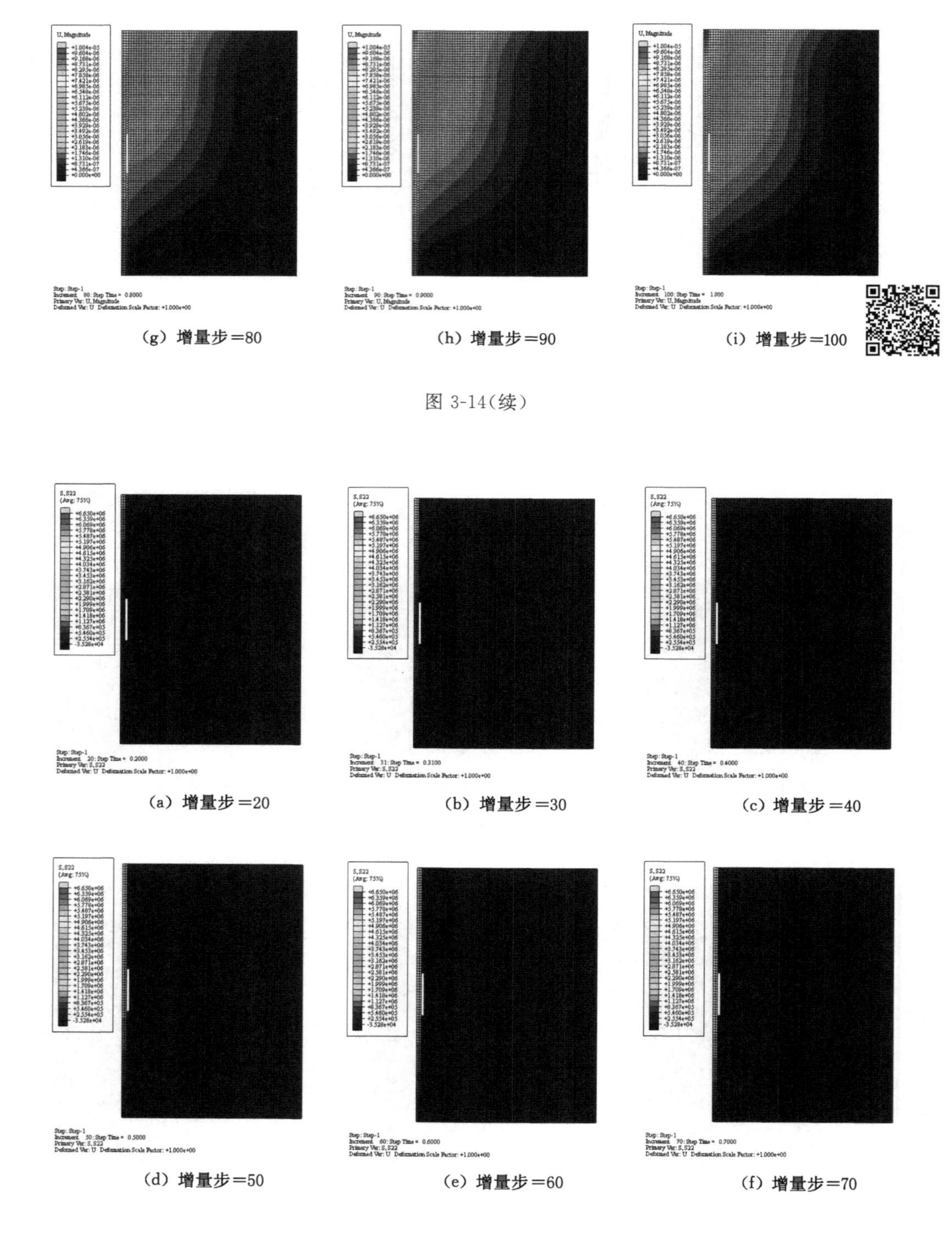

(g) 增量步=80　　(h) 增量步=90　　(i) 增量步=100

图 3-14(续)

(a) 增量步=20　　(b) 增量步=30　　(c) 增量步=40

(d) 增量步=50　　(e) 增量步=60　　(f) 增量步=70

图 3-15　拉拔状态下不同增量步下监测线 $J$-2 内拉应力 $S_{22}$ 的演化过程

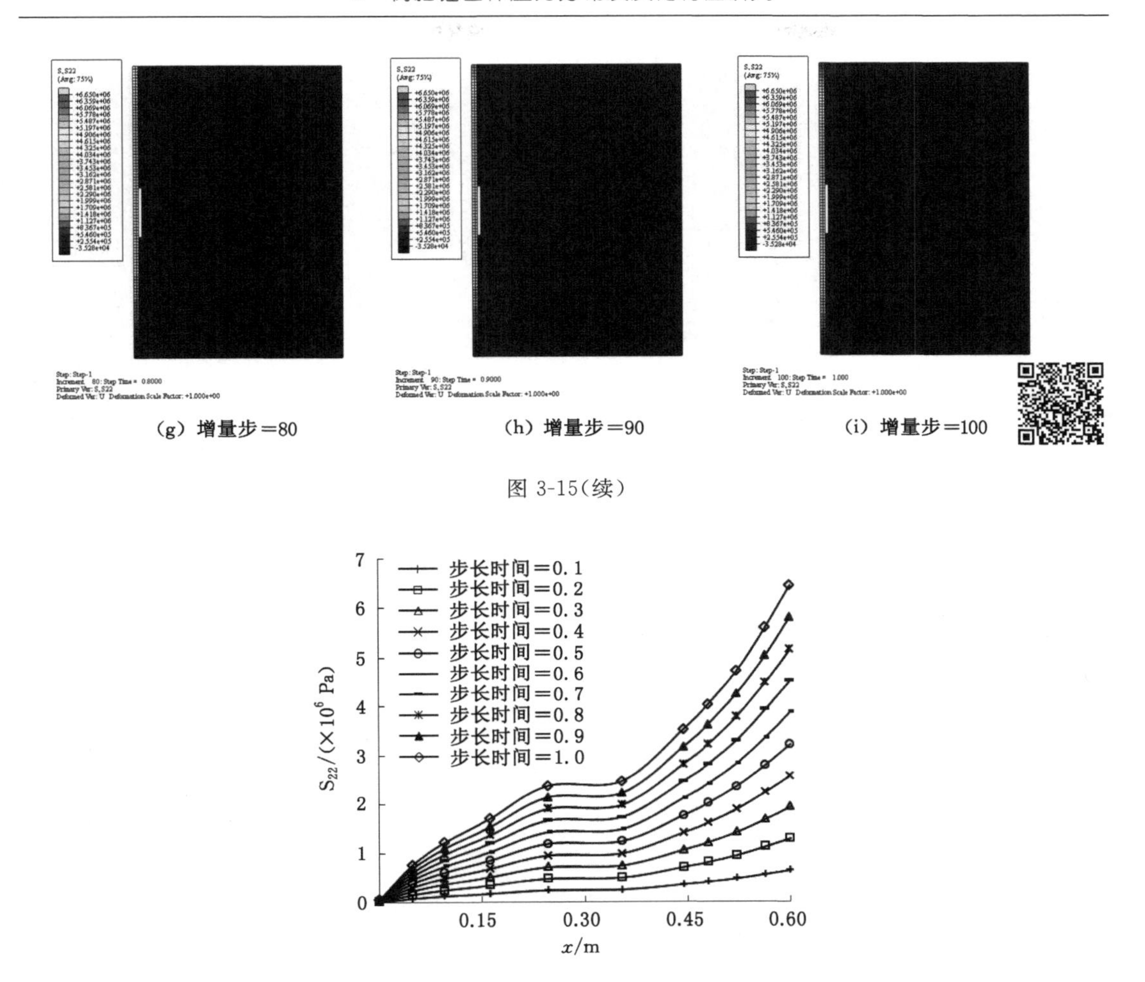


(g) 增量步=80　　(h) 增量步=90　　(i) 增量步=100

图 3-15(续)

图 3-16　拉拔状态下不同增量步下监测线 $J$-2 内拉应力 $S_{22}$ 的演化曲线

## 3.3　长时蠕变树脂锚固体拉拔状态下的应力分布及演化特征

### 3.3.1　网格大小

蠕变模型体同样采用减缩积分单元 CAX4R 单元体来模拟。通过调整网格大小对比分析蠕变模型对计算精度的影响，找到最优网格大小，对比分析结果如图 3-17 所示，由图可知当网格尺寸小于 0.025 时计算结果趋于收敛。其中，围岩和杆体作为弹性体、树脂锚固层作为黏弹性体来建立模型。蠕变模型共划分 7 900 个单元、8 476 个节点。

### 3.3.2　杆体应力分布特征

44 ℃条件下 3 年后杆体内拉应力的分布曲线如图 3-18 所示。44 ℃条件下杆体外端点位移与时间的关系曲线如图 3-19 所示。由图 3-18 和图 3-19 可知，无论是杆体内拉应力的分布还是杆体外端点位移与时间的关系曲线在 44 ℃温度条件下理论结果和模拟结果都拟

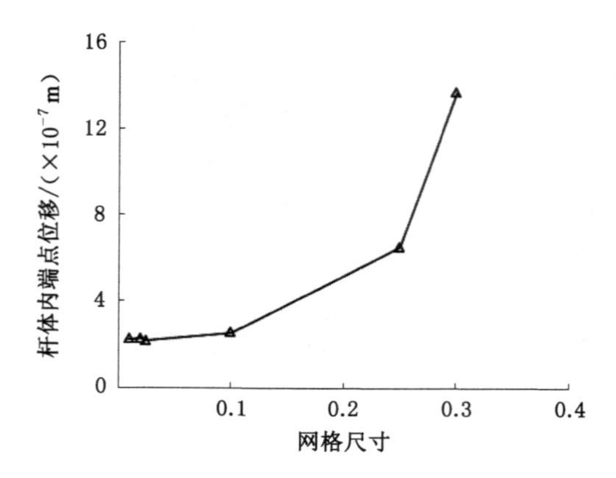


图 3-17 蠕变模型中网格尺寸大小的影响

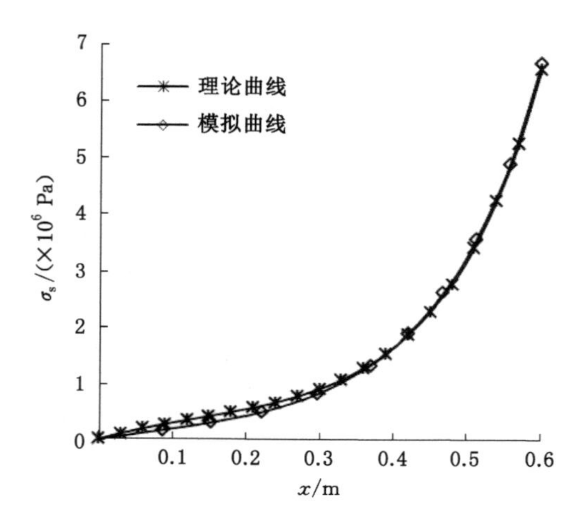


图 3-18 44 ℃条件下杆体内拉应力 $\sigma_s$ 的分布曲线(3 年后)

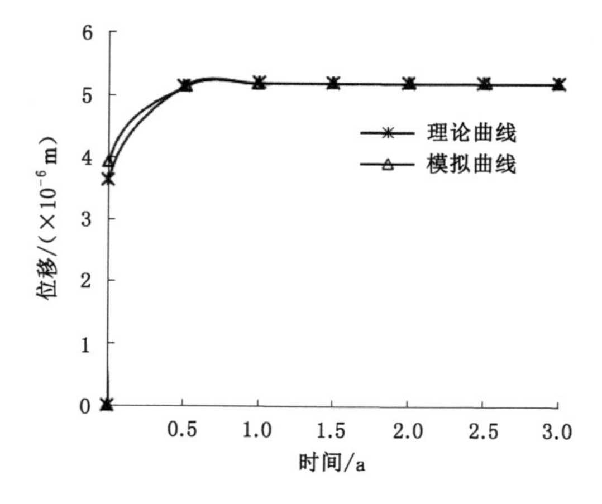


图 3-19 44 ℃条件下杆体外端点位移-时间曲线

合得很好，模拟结果在一定程度上验证了理论推导结果的正确性。其中 44 ℃条件下 3 年后沿锚杆锚固方向杆体内拉应力逐渐减小，且呈负指数形式降低。44 ℃条件下杆体外端点的位移在大约半年后趋于稳定，此时锚固体内的应力也趋于稳定；同时 $T=0$ 时刻，44 ℃条件下杆体外端点位移主要是锚固体发生瞬时弹性变形引起的。

### 3.3.3 应力演化特征

#### 3.3.3.1 蠕变锚固体杆体拉应力 $\sigma_s$ 的演化过程

蠕变模型中，拉拔状态下不同时间沿监测线 $J$-2 杆体内拉应力 $\sigma_s$ 的分布曲线如图 3-20 所示。由图 3-20 可知，拉拔过程中，在拉应力作用下，随着时间的增加，杆体内拉应力从杆体外端点逐渐向内锚固段端头演化，同时杆体内拉应力 $\sigma_s$ 也不断增加，约半个小时后，杆体内拉应力 $\sigma_s$ 分布才趋于稳定。

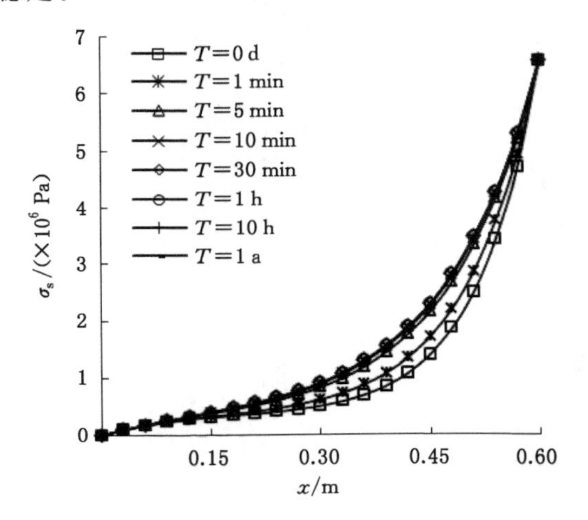


图 3-20 44 ℃条件下不同时间段沿监测线 $J$-2 方向杆体内拉应力 $\sigma_s$ 的分布曲线

#### 3.3.3.2 蠕变锚固体内剪应力 $\tau_s$ 的演化规律

蠕变锚固体内剪应力 $\tau_s$ 的演化过程如图 3-21 所示，蠕变锚固体内杆体表面剪应力 $\tau_s$ 的演化曲线如图 3-22 所示。由图 3-21 可知，随着时间的增加，锚固体内的剪应力由安装钻孔外端口呈“水滴形”向岩体四周扩散，经历一段时间以后，岩体内剪应力 $\tau_s$ 依然在不断变化，这也是引起杆体外端点的位移稳定时间大于杆体内拉应力和杆体表面剪应力稳定时间的原因。由图 3-22 可知，杆体表面剪应力沿锚固方向从零增大到最大值，然后急剧降低至接近零，这与尤春安、邓宗伟等研究的结果是一致的，随着时间的增加，杆体表面剪应力 $\tau_s$ 不断调整，外锚固段剪应力 $\tau_s$ 不断降低，内锚固段剪应力 $\tau_s$ 逐渐增加，约半个小时后杆体表面剪应力 $\tau_s$ 趋于稳定，这与杆体内拉应力的稳定时间一致。

由以上分析可知，锚固体拉拔过程中其杆体应力演化及围岩变形可分为三个阶段。初始阶段，当拉拔力一开始作用于杆体外端点时，应力很快从杆体外端点传递扩散到杆体内锚固段端头，杆体内拉应力 $\sigma_s$ 的分布曲线及杆体表面剪应力 $\tau_s$ 演化曲线分别如图 3-20、图 3-22 中 $T=0$ 的曲线，在此阶段，锚固体的变形主要处于弹性阶段，图 3-19 中杆体 $T=0$ 时刻外端点存在的初始位移可以说明这一点；随着时间的增长，锚固体拉拔状态下的内部应力演化

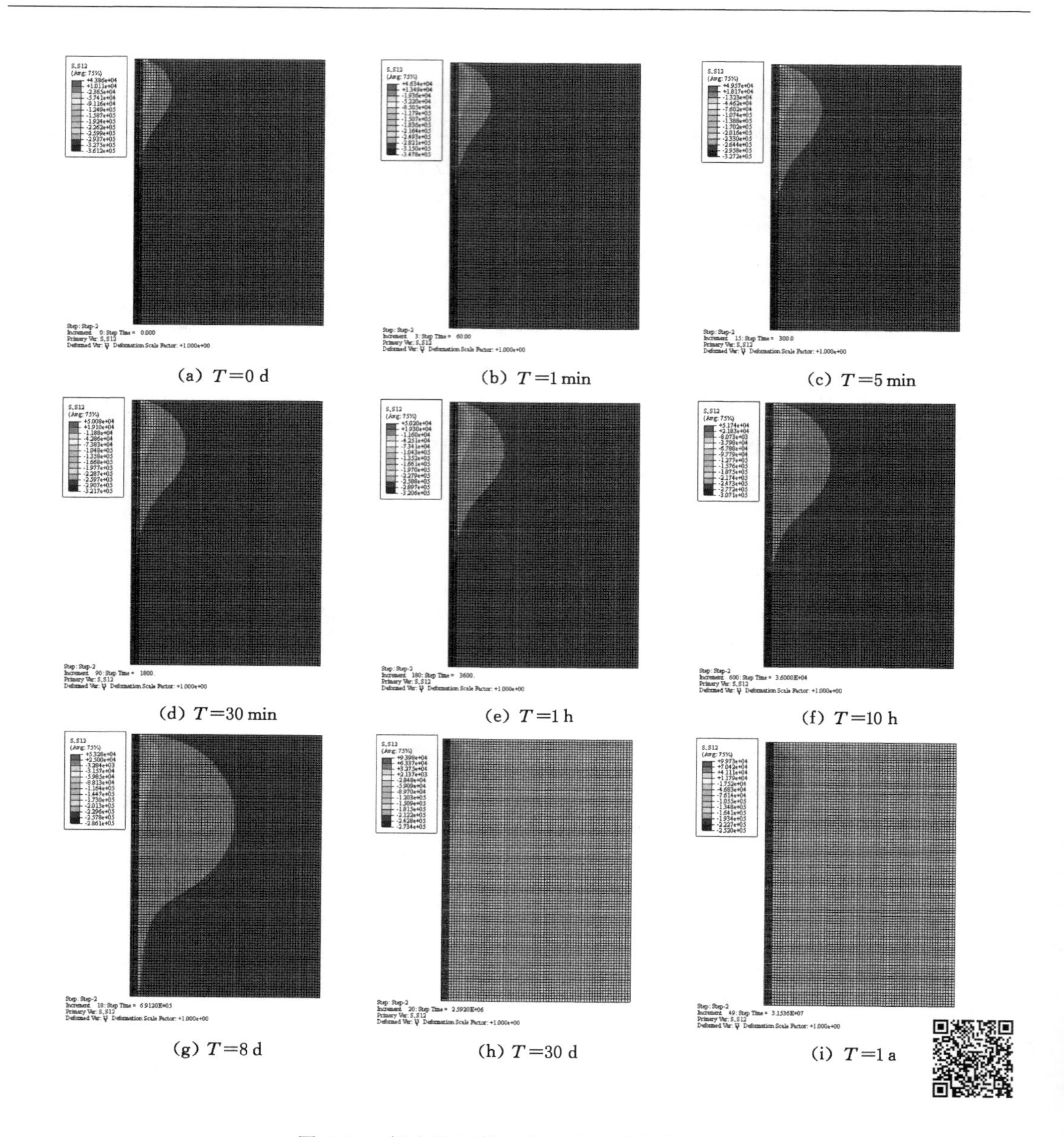
(a) $T=0$ d　(b) $T=1$ min　(c) $T=5$ min
(d) $T=30$ min　(e) $T=1$ h　(f) $T=10$ h
(g) $T=8$ d　(h) $T=30$ d　(i) $T=1$ a

图 3-21　蠕变锚固体内剪应力 $\tau_s$ 的演化过程

及围岩变形开始进入第二阶段，在这个阶段内，杆体表面的剪应力通过与树脂锚固层的黏结力向锚固层内扩展并引起树脂锚固层产生蠕变变形，同时沿着杆体方向的拉应力及杆体表面的剪切应力不断调整，如图 3-20、图 3-21 和图 3-22 所示；随着时间继续增加或外载拉拔力的变化，树脂锚固层蠕变变形达到极限状态，继而发生破坏失效，这称之为第三阶段，蠕变达到极限状态的时间主要取决于树脂锚固剂的力学特性。

## 3.3.4　锚固体极限抗拉拔力

极限抗拉拔力是锚固体在外载拉拔力作用下开始出现裂纹或破坏时的最大拉拔力，此

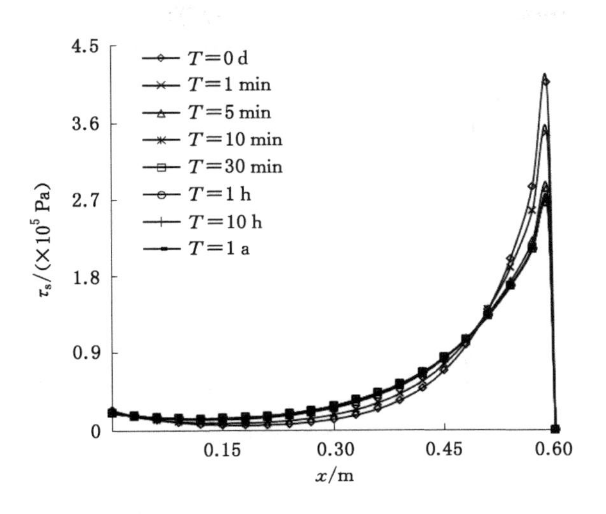


图 3-22 蠕变锚固体杆体表面剪应力 $\tau_s$ 的演化曲线

时沿杆体方向的剪应力一般大于锚固体内锚固剂、岩体剪切强度。假设杆体与树脂锚固层的剪应力大小为 0.5 MPa，同时把表 3-6 中的参数代入式(2-54)可得到 44 ℃条件下锚固体极限抗拉拔力 $P_{ini}$ 随时间变化曲线，如图 3-23 所示。由图中可知，随着时间增加 $P_{ini}$ 很快达到最大值，约 10 min 后趋于稳定。这主要是由于锚固层在温度和应力恒定条件下经历短暂的初始蠕变阶段后迅速进入长时间的稳定蠕变阶段。由这个结果可知，在温度、外载荷等恒定不变的条件下，锚固系统如果安装初期没有开裂，那么锚固系统就不会发生开裂破坏而引发事故。

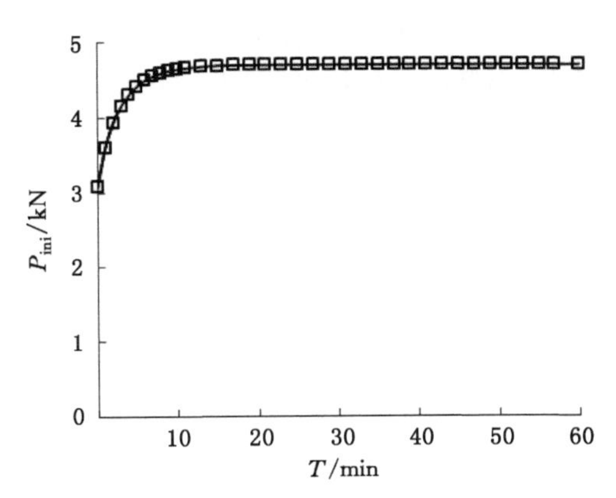


图 3-23 44 ℃条件下锚固体极限抗拉拔力 $P_{ini}$ 随时间变化曲线

44 ℃条件下锚固长度与锚固体极限抗拉拔力的关系曲线如图 3-24 所示，由图 3-24 可知，随着锚固长度的增加，锚固体极限抗拉拔力初始呈线性增长，当锚固长度达到一定值时，锚固体极限抗拉拔力达到最大值并趋于稳定。因此可以推断，锚杆支护实际设计中，并不是锚固长度越长支护效果就越好，而是存在一个合理的匹配关系，在经济可行的原则下，合理的锚固长度就可以使锚杆发挥最大的支护加固作用。

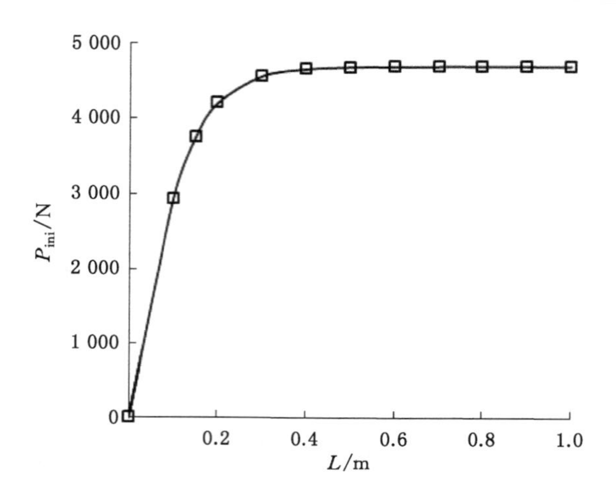


图 3-24　44 ℃条件下锚固长度与锚固体极限抗拉拔力 $P_{ini}$ 的关系曲线

## 3.4　影响树脂锚固体力学性能的主要因素分析

锚固系统拉拔过程中各种参数的尺寸效应对拉拔试验结果有重要的影响，如锚固层厚度、锚杆直径、钻孔直径、围岩强度等，这些参数对于实际煤矿巷道支护中锚杆支护参数合理选择也具有很大影响。因此需进一步研究锚固层厚度、锚杆直径、围岩强度等参数对锚固体拉拔状态下锚杆拉应力分布及杆体外端点位移的影响。

### 3.4.1　空洞树脂锚固体

不同空洞位置下沿杆体方向 $\sigma_s$ 的分布曲线如图 3-25 所示，从图中可知，外载拉拔力作用下，随着空洞位置往锚固体内部移动，杆体上半部分轴向应力分布曲线的斜率不断降低，而对应的杆体上半部分轴向应力分布曲线的斜率却不断升高。但无论空洞在沿杆体方向的任何位置，“拉应力平台”始终存在，且始终处于空洞出现位置。

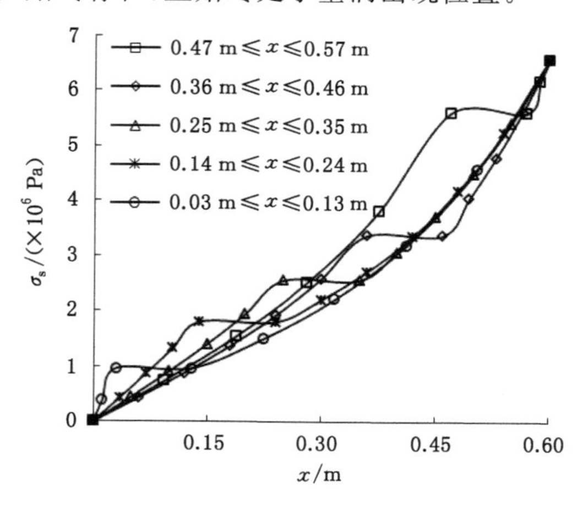


图 3-25　不同空洞位置下沿杆体方向 $\sigma_s$ 的分布曲线

不同锚杆直径下 $\sigma_s$ 沿锚固方向的分布曲线如图 3-26 所示。从图中可知，外载拉拔力作用下 $\sigma_s$ 沿锚固方向不断降低，锚杆直径越大在相同位置其对应的 $\sigma_s$ 越小，同时 $\sigma_s$ 减小得也越慢，其所能承受的拉拔力也就越大。

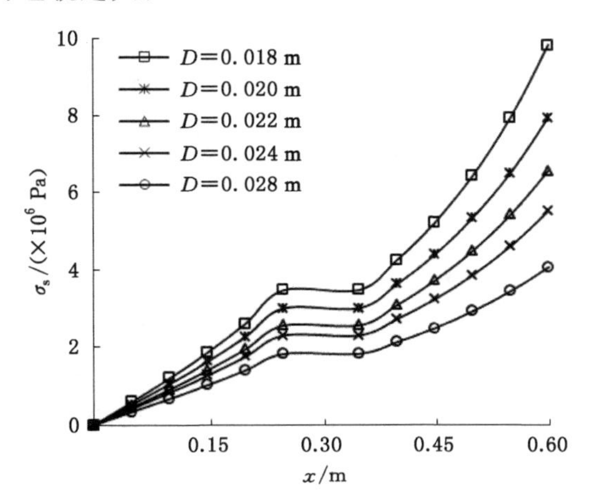


图 3-26　不同锚杆直径下 $\sigma_s$ 沿锚固方向的分布曲线

不同锚固层厚度下 $\sigma_s$ 沿锚固方向的分布曲线如图 3-27 所示。从图中可知，外载拉拔力作用下杆体轴向应力 $\sigma_s$ 沿锚固方向不断降低，锚固层厚度越大在相同位置其对应的 $\sigma_s$ 越大，同时 $\sigma_s$ 减小得也越慢，其所能承受的拉拔力也就越小。

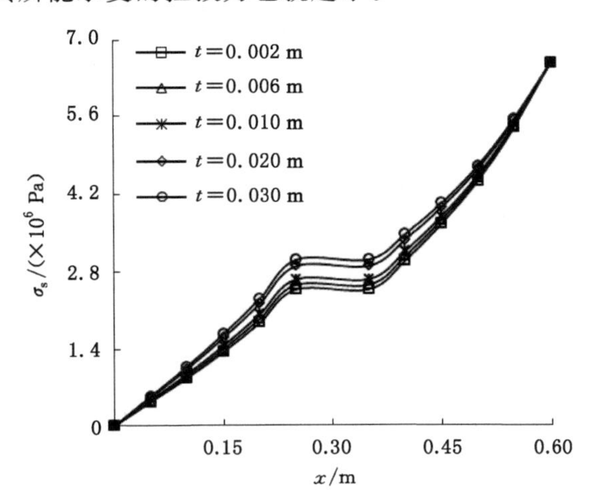


图 3-27　不同锚固层厚度下 $\sigma_s$ 沿锚固方向的分布曲线

空洞长度对 $\sigma_s$ 沿锚固方向的分布会产生很大的影响，如图 3-28 所示。由图 3-28 可知，外载拉拔力作用下 $\sigma_s$ 沿锚固方向不断降低，随着空洞长度增加，锚固体外锚固段在相同位置其对应的 $\sigma_s$ 减小，而在空洞以下内锚固段的相同位置对应的 $\sigma_s$ 增大，同时“拉应力平台”段在相同位置对应的 $\sigma_s$ 增大。

不同杆体弹性模量下 $\sigma_s$ 沿锚固方向的分布曲线如图 3-29 所示，从图中可知，外载拉拔力作用下 $\sigma_s$ 沿锚固方向不断减小，随着杆体弹性模量 $E_s$ 的增加，相同位置对应的 $\sigma_s$ 增大，同时 $\sigma_s$ 沿锚固方向的衰减减慢。

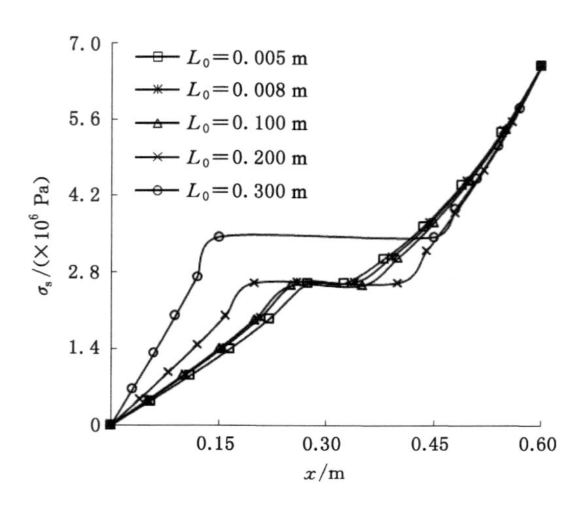


图 3-28　不同空洞长度下 $\sigma_s$沿锚固方向的分布曲线

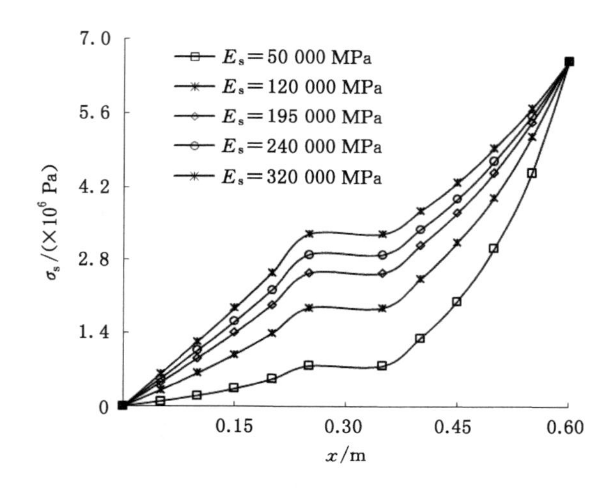


图 3-29　不同杆体弹性模量下 $\sigma_s$沿锚固方向的分布曲线

不同树脂锚固剂弹性模量 $E_e$下 $\sigma_s$沿锚固方向的分布曲线如图 3-30 所示。从图中可知，外载拉拔力作用下 $\sigma_s$沿锚固方向不断降低，随着 $E_e$的增加在相同位置其对应的 $\sigma_s$减小，同时 $\sigma_s$衰减减慢，其所能承受的拉拔力也就增大；但是当 $E_e$增大到一定程度时，$\sigma_s$不再随着 $E_e$增大而改变，$\sigma_s$沿锚固方向的分布保持稳定。

由以上分析可知，锚杆直径越大、锚固层厚度相对越小、空洞长度越小和树脂锚固剂弹性模量越大，空洞树脂锚固体中锚杆所能承受的拉拔力越大，对应的锚杆的支护效果也就越好。由于受锚杆施工机具、安装过程及生产成本等限制，实际巷道支护中不可能无限增大锚杆直径、减小锚固层厚度等来获得锚杆较大的抗拉拔能力和较好的支护效果，只有通过合理选择匹配的锚杆直径、锚固层厚度等参数来实现。

### 3.4.2　长时蠕变树脂锚固体

不同直径 $D$ 下杆体外端点位移-时间曲线如图 3-31 所示，从图中可知，44 ℃恒温且其他参

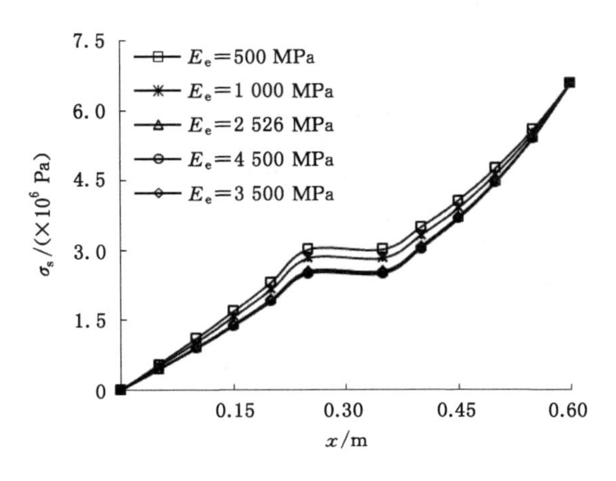


图 3-30　不同树脂锚固剂弹性模量下 $\sigma_s$ 沿锚固方向的分布曲线

数保持不变的情况下，在外载荷拉应力作用下，蠕变锚固模型中随着杆体直径从 0.018 m 增加到 0.028 m，杆体外端点的位移不断减小，且位移增加的速率也不断减小。因此可以推断锚固层厚度越大，杆体外端点的总位移越大，杆体截面上拉应力对杆体外端点的位移也有影响。

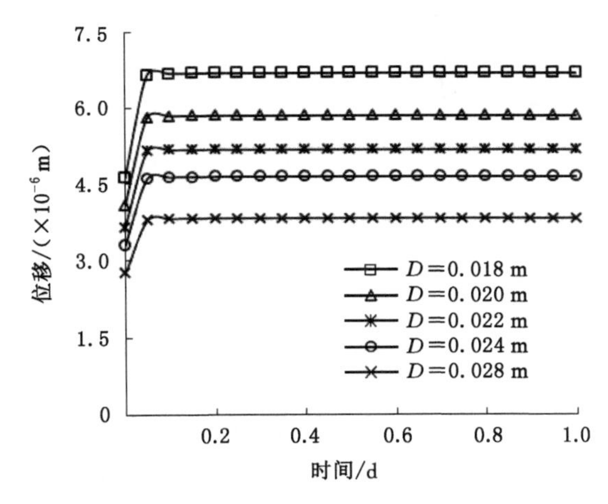


图 3-31　不同直径 $D$ 下杆体外端点位移-时间曲线(44 ℃条件下)

不同锚固层厚度 $t$ 下杆体外端点位移-时间曲线如图 3-32 所示，从图中可知，44 ℃恒温且其他参数保持不变的情况下，在外载拉应力作用下，杆体外端点的位移随着锚固层厚度 $t$ 的增大而增大，且初始阶段的位移增加的速率也随锚固层厚度 $t$ 的增大而增大，同时验证了上述不同直径 $D$ 下推论的正确性。

44 ℃恒温且其他参数保持不变的情况下，锚固长度从 0.2 m 增加到 1.0 m 的过程中杆体外端点的位移-时间关系曲线如图 3-33 所示。从图中可知，初始阶段杆体外端点的位移随着长度 $L$ 的增加而减小，而后杆体外端点的位移又随着长度 $L$ 的增加而增大。由此可以确定，对于锚固体存在一个最合理的锚固长度以使杆体外端点的位移最小，对于本次研究图中显示锚固体最合理的锚固长度为 0.4 m。

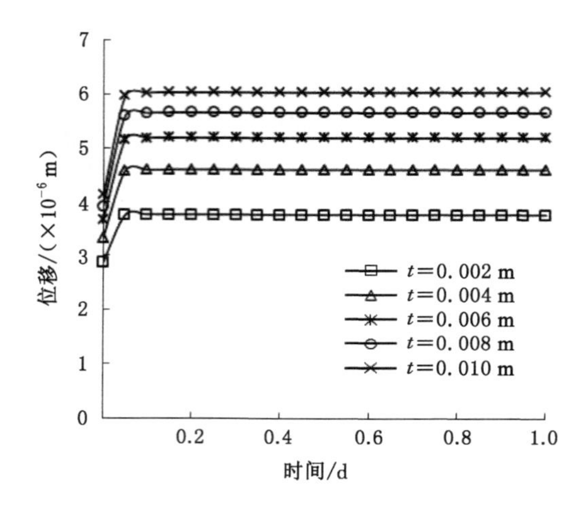


图 3-32　不同锚固层厚度 $t$ 下杆体外端点位移-时间曲线(44 ℃条件下)

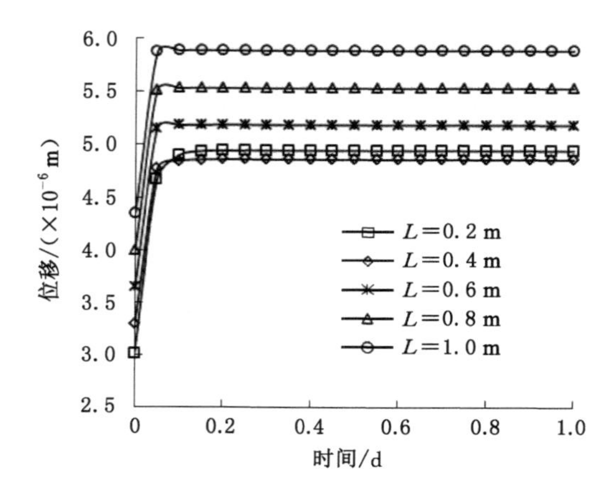


图 3-33　不同锚固长度 $L$ 下杆体外端点位移-时间曲线(44 ℃条件下)

不同拉拔力 $P$ 下杆体外端点位移-时间曲线如图 3-34 所示。从图中可知,44 ℃恒温且其他参数保持不变的情况下,随着拉拔力 $P$ 的增大,杆体截面上拉应力不断增加,继而引起杆体外端点位移的增大,进一步验证了上述不同直径 $D$ 下推论的正确性,但位移与拉拔力 $P$ 呈非线性关系。

树脂锚固剂的力学特性受温度的影响很大。不同温度 $T_{em}$ 下杆体外端点位移-时间曲线如图 3-35 所示,从图中可知,在其他参数保持不变的情况下,杆体外端点位移随着温度的升高而增大,而且增大的速率也随着温度的升高而加大,同时杆体外端点位移的增加量也随着温度的升高而增大。

不同围岩弹性模量 $E_c$ 下杆体外端点位移-时间曲线如图 3-36 所示。从图中可知,在其他参数保持不变的情况下,随着围岩弹性模量 $E_c$ 的增加,杆体外端点位移不断降低。很明显,当围岩弹性模量 $E_c$ 增大到一定程度时,杆体外端点位移不再减小,而趋于稳定不变。

不同杆体弹性模量 $E_s$ 下杆体外端点位移-时间曲线如图 3-37 所示。从图中可知,在其他参数保持不变的情况下,杆体外端点位移随着杆体弹性模量 $E_s$ 的增加而减小;但当杆体

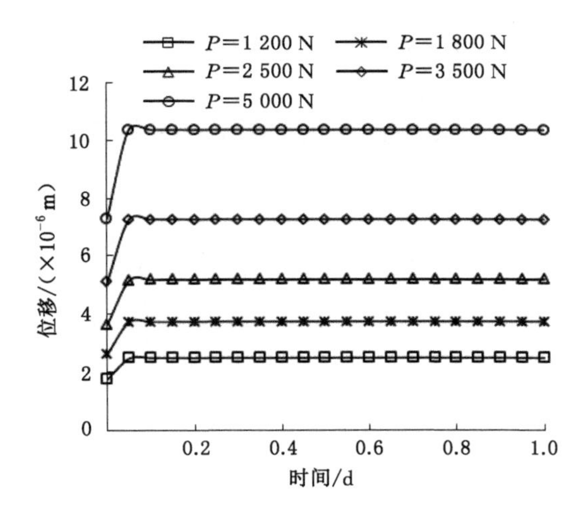


图 3-34　不同拉拔力 $P$ 下杆体外端点位移-时间曲线(44 ℃条件下)

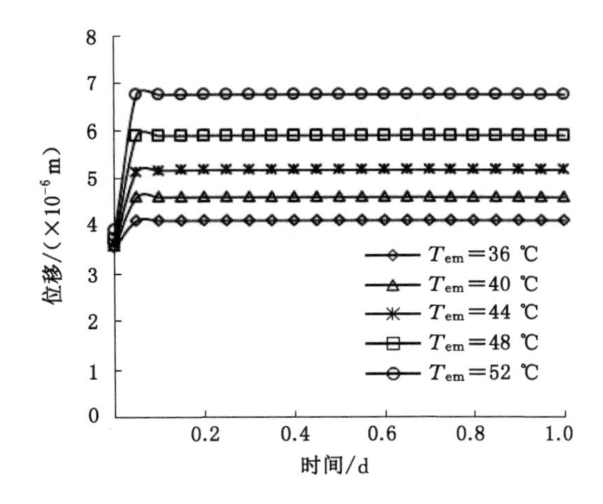


图 3-35　不同温度 $T_{em}$ 下杆体外端点位移-时间曲线

弹性模量 $E_s$ 增大到一定程度时，杆体外端点位移有趋于稳定的态势。因此可以推断，单纯增加杆体强度不能达到使杆体外端点位移降到最小的目的。

不同锚固长度下杆体表面剪应力 $\tau_s$ 沿锚固方向的分布曲线如图 3-38 所示。由图 3-38 可知，拉拔状态下，沿锚固方向杆体表面剪应力 $\tau_s$ 不断减小，锚固长度越短其下降速度越快，随着锚固长度的增加杆体表面剪应力 $\tau_s$ 下降速度趋于缓慢，当锚固长度增加到一定程度时，杆体表面剪应力 $\tau_s$ 下降速度趋于稳定。因此，为确保树脂锚固体在围岩中发挥较好的锚固效果，杆体必须具有一定的锚固长度，但不能通过无限制地加长杆体锚固长度而实现最佳的锚固效果。

由以上分析可知，杆体直径、锚固层厚度、杆体锚固长度、杆体的弹性模量、温度等参数之间存在一个最佳匹配以确保锚杆实现最好的锚固效果，确保锚固体长时处于稳定状态，不出现开裂失效等影响安全的问题。

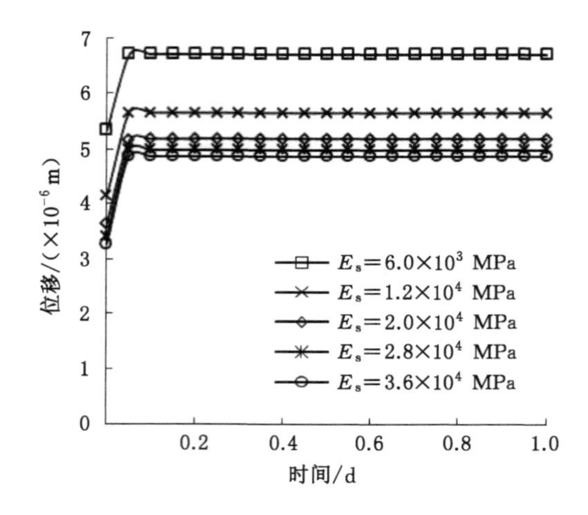


图 3-36　不同围岩弹性模量 $E_c$ 下杆体外端点位移-时间曲线(44 ℃条件下)

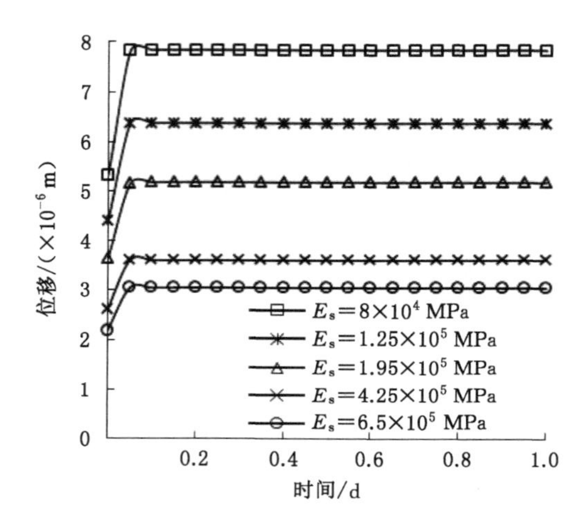


图 3-37　不同杆体弹性模量 $E_s$ 下杆体外端点位移-时间曲线(44 ℃条件下)

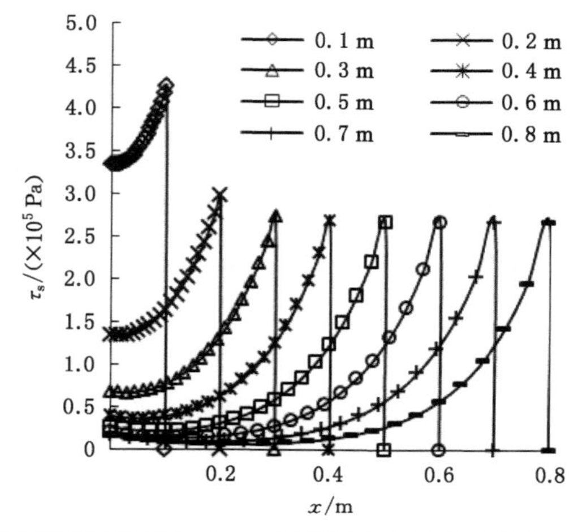


图 3-38　不同锚固长度下剪应力 $\tau_s$ 沿锚固方向的分布曲线(44 ℃条件下)

# 4 预拉力锚杆杆体承载特性的试验研究

锚杆通过树脂锚固剂与巷道围岩黏结并与之发生相互作用，才能发挥其锚固作用实现强化围岩，达到维护巷道围岩长期安全稳定的效果。受巷道围岩动态变形、施工质量、杆体强度、钻孔直径等诸多因素影响，锚杆杆体的承载受力是一个复杂且动态变化的过程。因此为研究树脂锚固体力学特性，揭示杆体内拉应力分布及演化特征，仅依靠在一定假设条件下的理论分析和数值模拟还不够，需要通过实验室和现场实测试验等进一步开展研究，以揭示树脂锚固体在实际工作状态下的杆体内应力分布及承载特性。同时实践证明，实验室试验和现场试验是研究岩石力学与工程的重要手段之一。

## 4.1 预拉力与锚杆杆体应力及弯矩关系的试验与分析

### 4.1.1 预拉力锚固系统锚固作用综合试验台及试验步骤

#### 4.1.1.1 预拉力锚固系统锚固作用综合试验台

为研究预拉力锚杆在不同预拉力条件下其杆体的应力和弯矩的分布特征，特采用“预拉力锚固系统锚固作用综合试验台”开展实验室试验研究。预拉力锚固系统锚固作用综合试验台主要由六个主体部分组成，分别为锚固系统、预拉力加载系统、几何变形测量系统、应力测试系统、压力量测系统及测力锚杆试件；试验过程中用到的组件有卡盘、扭矩扳手、测力计、游标卡尺、数据采集仪等。试验台模型采用卡盘代替岩石，取原型的几何尺寸和应力，即几何比和应力比均取为 1。试验台的结构示意图及实物图分别如图 4-1、图 4-2 所示。

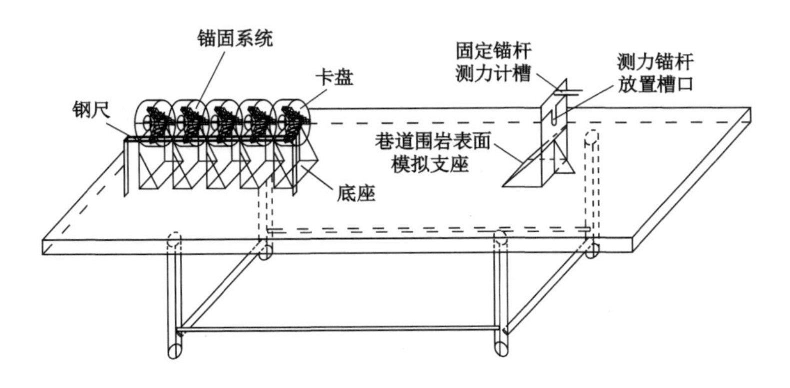


图 4-1 预拉力锚固系统锚固作用综合试验台结构示意图

图 4-2 预拉力锚固系统锚固作用综合试验台

#### 4.1.1.2 试验步骤及数据

将直径 20 mm、长 2 400 mm 的 KDT-1 型测力锚杆用卡盘固定在试验台上，模拟杆体在岩体中的锚固状态，长度为 1 400 mm，并将锚杆压力计置于托盘和支座间，将数据采集仪和测力锚杆连接并按要求设置好测力仪以准确记录试验数据；利用数显扭矩扳手对测力锚杆螺帽施加预紧力矩（扭矩）以获得不同大小预拉力，使测力锚杆张拉预紧，然后通过 KJ327-F 型矿山压力监测系统数据采集仪及锚杆压力计读数，采集并记录该预拉力下的数据。增加预紧力矩即预拉力，重复上述步骤，获得不同预紧力矩即不同预拉力下的试验数据。

按以上试验步骤分别对测力锚杆施加 50 N·m、100 N·m、150 N·m、200 N·m、250 N·m、300 N·m、325 N·m 的预紧力矩，以模拟不同预拉力条件，测得的数据如表 4-1 所示。

**表 4-1 试验数据**

| 序号 | | | 1 | 2 | 3 | 4 | 5 | 6 | 7 |
|---|---|---|---|---|---|---|---|---|---|
| 扭矩/(N·m) | | | 50 | 100 | 150 | 200 | 250 | 300 | 325 |
| 应变/(×10⁻⁶) | 应变片编号 | 1# | −378.95 | −565.40 | −515.37 | −356.21 | −406.24 | −441.10 | −457.77 |
| | | 2# | 0 | 0 | 0 | 0 | 0 | 0 | 0 |
| | | 3# | 234.95 | 454.74 | 616.93 | 865.53 | 1 032.26 | 1 153.53 | 1 249.02 |
| | | 4# | 72.76 | 209.18 | 359.25 | 400.17 | 438.07 | 489.61 | 535.08 |
| | | 5# | 585.10 | 1 120.18 | 1 396.06 | 1 703.77 | 1 855.35 | 1 993.28 | 2 158.51 |
| | | 6# | 268.30 | 427.46 | 456.26 | 665.44 | 821.57 | 921.61 | 995.88 |
| | | 7# | 521.44 | 813.99 | 807.92 | 698.79 | 829.15 | 914.03 | 956.47 |
| | | 8# | 95.50 | 248.59 | 383.50 | 627.54 | 785.19 | 894.33 | 979.21 |
| | | 9# | −118.23 | −221.31 | −189.48 | −71.24 | 31.83 | 115.20 | 177.35 |
| | | 10# | 380.47 | 665.44 | 826.11 | 1083.80 | 1 224.77 | 1 339.97 | 1 423.34 |
| | | 11# | 13.64 | 42.44 | 45.47 | 60.63 | 66.70 | 68.21 | 68.21 |
| | | 12# | 145.52 | 380.47 | 662.41 | 876.14 | 980.73 | 1 077.74 | 1 162.62 |
| 锚杆压力计读数(预拉力)/kN | | | 18 | 35 | 45 | 52 | 59 | 66 | 72 |
| 压力计读数差值/kN | | | 18 | 17 | 10 | 7 | 7 | 7 | 6 |

### 4.1.2 预拉力与锚杆杆体平均轴力的关系

将每次测量的测力锚杆两侧槽内对应应变片的应力值相加取其平均值，即可得出该测段此次测量的平均轴力，由此可以分析锚杆中轴力的分布规律。杆体平均轴力的求解公式为：

$$F_i = E\varepsilon_i S = E\varepsilon_i \pi D^2/4$$
$$F = (F_i + F_{i+6})/2$$

式中 $F$——杆体平均轴力，kN；

$E$——弹性模量，210 GPa；

$S$——锚杆的横截面积，$m^2$；

$D$——锚杆直径，m；

$\varepsilon_i$——第 $i$ 个应变片的应变，$10^{-6}$。

使用以上公式，根据表 4-1 可以求得不同预拉力下测力锚杆应变片粘贴位置杆体的平均轴力，如表 4-2 所示。

表 4-2 不同预拉力下锚杆杆体的平均轴力

| 序号 | 预拉力/kN | 锚杆杆体平均轴力/kN | | | | | |
|---|---|---|---|---|---|---|---|
| | | $x$=2 100 mm | $x$=1 760 mm | $x$=1 400 mm | $x$=1 060 mm | $x$=710 mm | $x$=170 mm |
| 1 | 18 | 4.68 | 6.33 | 3.82 | 14.97 | 19.72 | 13.65 |
| 2 | 35 | 8.21 | 16.42 | 7.71 | 28.88 | 38.38 | 26.64 |
| 3 | 45 | 9.66 | 25.32 | 14.08 | 39.14 | 47.51 | 36.89 |
| 4 | 52 | 11.31 | 41.41 | 26.21 | 48.99 | 58.16 | 50.84 |
| 5 | 59 | 13.95 | 51.83 | 35.08 | 54.86 | 63.40 | 59.44 |
| 6 | 66 | 15.59 | 58.95 | 41.87 | 60.37 | 68.02 | 65.97 |
| 7 | 72 | 16.45 | 64.56 | 47.05 | 64.62 | 73.42 | 71.18 |

注：$x$ 为锚固位置。

由表 4-2 可得到预拉力与锚杆杆体平均轴力的关系曲线，如图 4-3 所示。

由表 4-2 和图 4-3 可知，锚杆杆体的平均轴力随预拉力的增大而增大，但锚杆杆体平均轴力与预拉力存在非线性关系，当预拉力在 18～52 kN 之间增加时，锚杆杆体平均轴力增加较为明显，当预拉力超过 52 kN 以后，锚杆杆体平均轴力变化趋缓。因此在一定范围内对锚杆施加并增加预拉力，可以有效改善锚杆杆体的平均轴力，以使其处于最佳的承载状态，最大限度发挥锚杆的加固支护作用。同时图中显示，预拉力锚杆杆体在锚固段沿锚固方向平均轴力大小不同，锚杆杆体平均轴力呈现先增大后减小的趋势。

由表 4-2 可求得不同预拉力下锚杆杆体平均轴力的变化率，如表 4-3 所示。预拉力与锚杆杆体平均轴力变化率的关系曲线如图 4-4 所示。由表 4-3 和图 4-4 可知，当预拉力在 45～52 kN 之间增加时，锚杆杆体平均轴力增加速度最快；特别是在外锚固段，锚杆杆体平均轴力增加速度明显大于非锚固段和内锚固段，初步推断实际工作状态下杆体承载受力及

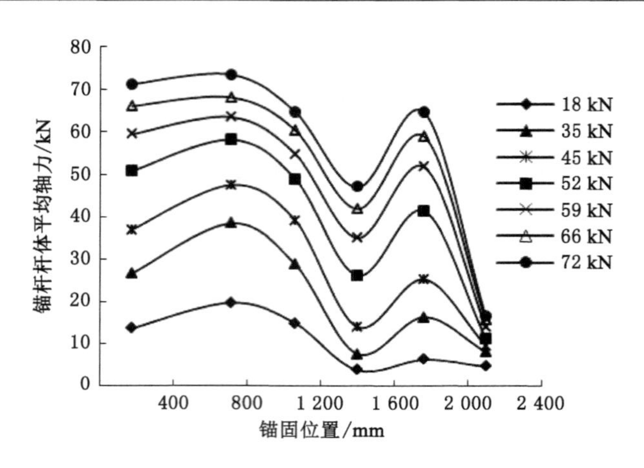


图 4-3　预拉力与锚杆杆体平均轴力的关系曲线

其变化主要集中在外锚固段，因此可以通过改善外锚固段杆体的承载受力状态提高锚杆支护阻力以发挥锚杆最大支护效果，基于第 3 章的理论研究结果，可采用的方法包括增大外锚固段杆体直径、改善外锚固段锚固剂的弹性模量、采用岩体注浆等手段减少外锚固段锚固空洞等。

**表 4-3　不同预拉力下锚杆杆体平均轴力的变化率**

| 序号 | 预拉力/kN | 锚杆杆体平均轴力变化率 | | | | |
|---|---|---|---|---|---|---|
| | | $x$=2 100 mm | $x$=1 760 mm | $x$=1 400 mm | $x$=1 060 mm | $x$=710 mm |
| 1 | 18 | 0.26 | 0.35 | 0.21 | 0.83 | 1.10 |
| 2 | 35 | 0.23 | 0.47 | 0.22 | 0.83 | 1.10 |
| 3 | 45 | 0.21 | 0.56 | 0.31 | 0.87 | 1.06 |
| 4 | 52 | 0.22 | 0.80 | 0.50 | 0.94 | 1.12 |
| 5 | 59 | 0.24 | 0.88 | 0.59 | 0.93 | 1.07 |
| 6 | 66 | 0.24 | 0.89 | 0.63 | 0.91 | 1.03 |
| 7 | 72 | 0.23 | 0.90 | 0.65 | 0.90 | 1.02 |

注：$x$ 为锚固位置。

### 4.1.3　预拉力与锚杆杆体弯矩的关系

将每次测量的测力锚杆两侧槽内对应应变片的应力值相减，其差值与锚杆半径的乘积即该测段此次测量的弯矩，测力锚杆的弯矩的求解公式为：

$$M = (F_i - F_{i+6}) \times D/2$$

式中　$M$——弯矩，N·m；

$F_i$——第 $i$ 个应变片处锚杆受力，kN；

$D$——锚杆直径，mm。

因此由表 4-1 可以得到不同预拉力下测力锚杆应变片粘贴位置的锚杆杆体弯矩，如表 4-4 所示。

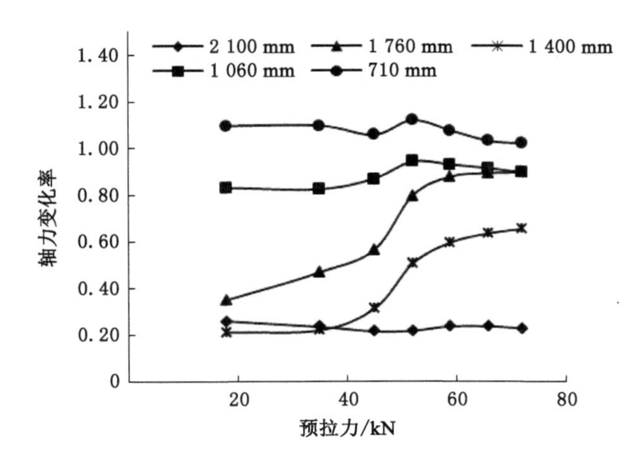


图 4-4 预拉力与锚杆杆体平均轴力变化率的关系曲线

**表 4-4 不同预拉力下锚杆杆体的弯矩**

| 序号 | 预拉力/kN | 锚杆杆体弯矩/(N·m) | | | | |
|---|---|---|---|---|---|---|
| | | $x$=2 100 mm | $x$=1 400 mm | $x$=1 060 mm | $x$=710 mm | $x$=170 mm |
| 1 | 18 | −593.46 | 233.43 | −203.10 | 377.18 | 81.77 |
| 2 | 35 | −910.63 | 445.75 | −300.69 | 710.83 | 30.33 |
| 3 | 45 | −873.71 | 532.14 | −307.94 | 890.85 | −136.50 |
| 4 | 52 | −695.67 | 617.86 | −451.03 | 1 084.05 | −138.47 |
| 5 | 59 | −814.36 | 659.40 | −518.29 | 1 179.67 | −104.84 |
| 6 | 66 | −893.49 | 684.46 | −561.15 | 1 269.35 | −103.53 |
| 7 | 72 | −933.05 | 707.54 | −585.55 | 1 378.81 | −110.12 |

注:$x$ 为锚固位置。

由表 4-4 可得到预拉力与锚杆杆体弯矩的关系曲线,如图 4-5 所示。

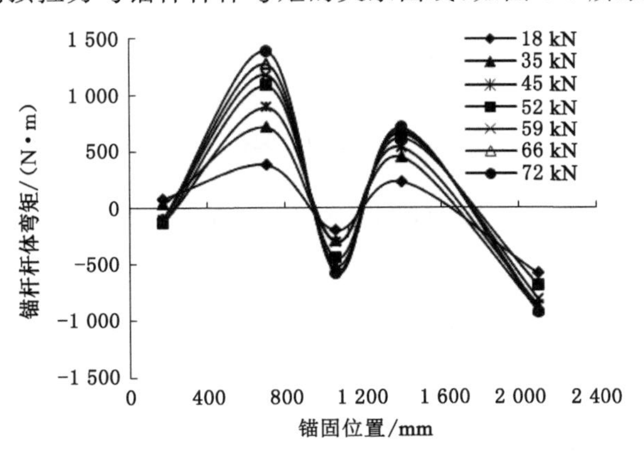


图 4-5 预拉力与锚杆杆体弯矩的关系曲线

由表 4-4 和图 4-5 可知,锚杆杆体所受的弯矩随预拉力的增大而增大,但锚杆杆体所受弯矩与预拉力存在非线性关系，当预拉力在 18～52 kN 之间增加时，锚杆杆体所受弯矩变化较为明显，当预拉力超过 52 kN 以后，锚杆杆体弯矩变化趋缓。锚杆杆体内弯矩的存在说明杆体垂直截面处于非均匀受力状态，可根据弯矩的正负值结合应变片的粘贴方向推断锚杆杆体可能出现弯曲的方向或趋势。

由表 4-4 可求得不同预拉力下锚杆杆体弯矩的变化率，如表 4-5 所示。

**表 4-5 不同预拉力下锚杆杆体弯矩的变化率**

| 序号 | 预拉力/kN | 锚杆杆体弯矩变化率 | | | | |
|---|---|---|---|---|---|---|
| | | $x$=2 100 mm | $x$=1 400 mm | $x$=1 060 mm | $x$=710 mm | $x$=170 mm |
| 1 | 18 | −32.97 | 12.968 333 | −11.283 33 | 20.954 444 | 4.5427 778 |
| 2 | 35 | −26.018 | 12.735 714 | −8.591 143 | 20.309 429 | 0.866 571 4 |
| 3 | 45 | −19.415 78 | 11.825 333 | −6.843 111 | 19.796 667 | −3.033 333 |
| 4 | 52 | −13.378 27 | 11.881 923 | −8.673 654 | 20.847 115 | −2.662 885 |
| 5 | 59 | −13.802 71 | 11.176 271 | −8.784 576 | 19.994 407 | −1.776 949 |
| 6 | 66 | −13.537 73 | 10.370 606 | −8.502 273 | 19.232 576 | −1.568 636 |
| 7 | 72 | −12.959 03 | 9.826 944 4 | −8.132 639 | 19.150 139 | −1.529 444 |

注：$x$ 为锚固位置。

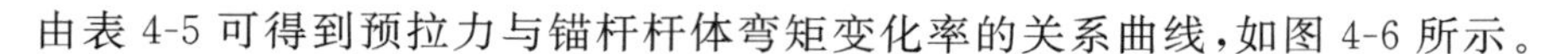

由表 4-5 可得到预拉力与锚杆杆体弯矩变化率的关系曲线，如图 4-6 所示。

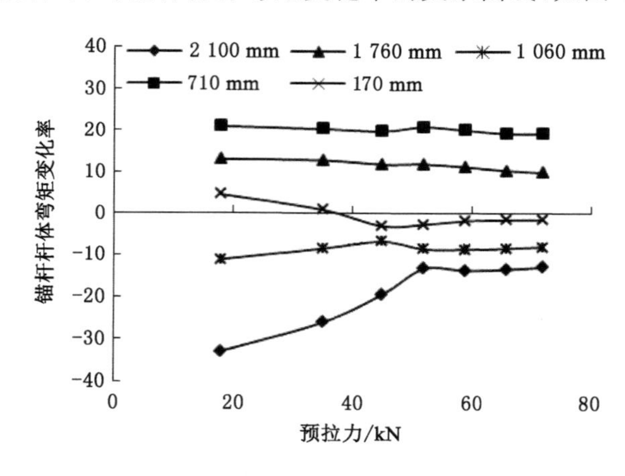


图 4-6 预拉力与锚杆杆体弯矩变化率的关系曲线

由表 4-4 和图 4-6 可知，当预拉力在 18～52 kN 之间增加时，锚杆杆体的弯矩对其比较敏感，变化较快，内锚固段锚杆杆体弯矩的变化速度明显大于外锚固段及非锚固段；当预拉力超过 52 kN 时，锚杆杆体弯矩变化率趋于稳定，随预拉力的增加锚杆杆体弯矩开始匀速变化。

### 4.1.4 预拉力与预紧扭矩的关系

由表 4-1 可以得到锚杆预拉力与预紧扭矩的关系曲线，如图 4-7 所示。由图 4-7 可知，锚杆预拉力随着所施加预紧扭矩的增加而增大；当预紧扭矩在 0～100 N·m 之间增加时，锚杆预拉力的增加速度较快；当预紧扭矩在 100～300 N·m 之间增大时，锚杆预拉力增加速度略微降低；当预紧扭矩超过 300 N·m 后，锚杆预拉力的增加速度有进一步加快的趋势。

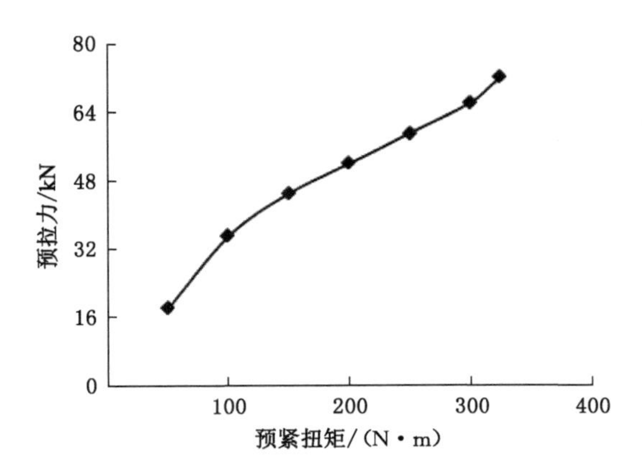


图 4-7 预拉力与预紧扭矩的关系曲线

## 4.2 树脂锚杆井下拉拔试验及分析

本节通过对煤矿井下树脂锚杆开展现场拉拔试验，进一步研究树脂锚杆杆体的承载特性，揭示预拉力与锚杆外端点位移的相互关系及不同预拉力下锚杆杆体轴力分布特征。试验点选择在淮南矿区丁集煤矿 1252(1)工作面运输顺槽。

### 4.2.1 测力锚杆的制作

选用直径 22 mm、长 2 400 mm 的锚杆，在锚杆杆体两侧对称各开一矩形断面沟槽，沿锚杆杆体方向按图 4-8 中两种方式对称布置应变片，分别称之为样式一测力锚杆和样式二测力锚杆，每个应变片引出两条脚线沿沟槽连接至杆体螺纹端集中插头上，并用环氧树脂胶灌封沟槽。本次试验共制作 6 根测力锚杆，要求应变片脚线要预留足够长，确保其能从锚杆杆体螺纹端侧面引出，以方便现场拉拔时对应变片粘贴位置锚杆杆体应变进行测量，锚杆杆体平均轴力由拉拔过程中测得的应变按 4.1.2 小节中公式计算。

### 4.2.2 锚固方案的确定

单支锚固剂的理论锚固长度的计算公式为：

$$L_m = \pi \times 锚固剂直径的平方 \times 锚固剂长度 / [4 \times (钻孔面积 - 锚杆截面积)]$$

其中，锚固剂的直径和长度可以从其型号名称中得到，如 Z2350 型锚固剂，其直径为 23 mm、长度为 500 mm。

按照上述公式计算出不同支数锚固剂下的测力锚杆理论锚固长度，如表 4-6 和表 4-7 所示。

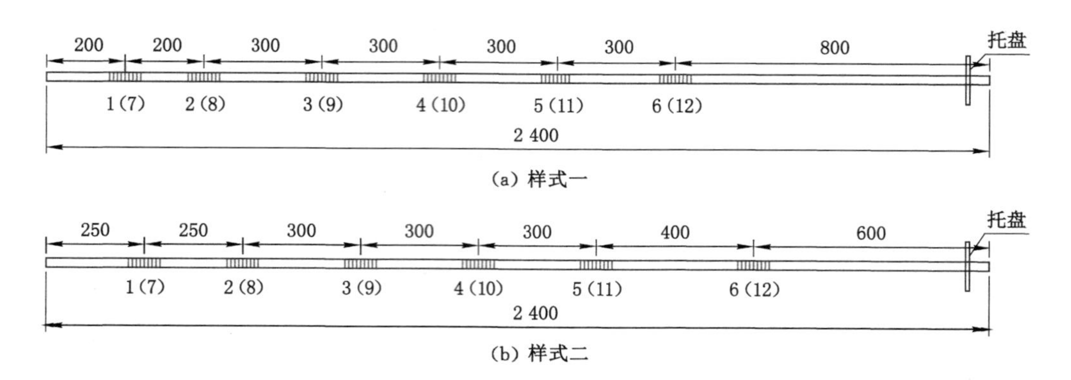


图 4-8 测力锚杆应变片布置示意图(单位：mm)

**表 4-6 不同支数锚固剂体积**

| 方案 | 锚固剂型号 | 数量/支 | 体积/m³ |
|---|---|---|---|
| 1 | Z2350 | 2 | 0.000 415 463 |
| 2 | Z2350 | 3 | 0.000 623 195 |
| 3 | Z2350 | 4 | 0.000 830 927 |

**表 4-7 不同支数锚固剂锚固长度**

| 钻头直径/mm | 测力锚杆直径/mm | 钻孔直径/mm | 锚固面积/m² | 锚固长度/m | | |
|---|---|---|---|---|---|---|
| | | | | 方案 1 | 方案 2 | 方案 3 |
| 28 | 22 | 30 | 0.000 455 52 | 0.917 | 1.37 | 1.83 |

经计算对比分析，并结合现场施工实际，为获得足够长的锚固长度，确定选用方案 3，在丁集煤矿 1251(1)工作面运输顺槽顶板安装 6 根测力锚杆以备拉拔试验使用。布置方式及实测锚杆锚固长度如图 4-9 所示，其中 1[#] ～3[#] 为样式二测力锚杆，4[#] ～6[#] 为样式一测力锚杆。丁集煤矿 1251(1)工作面运输顺槽顶底板综合柱状图如图 4-10 所示。

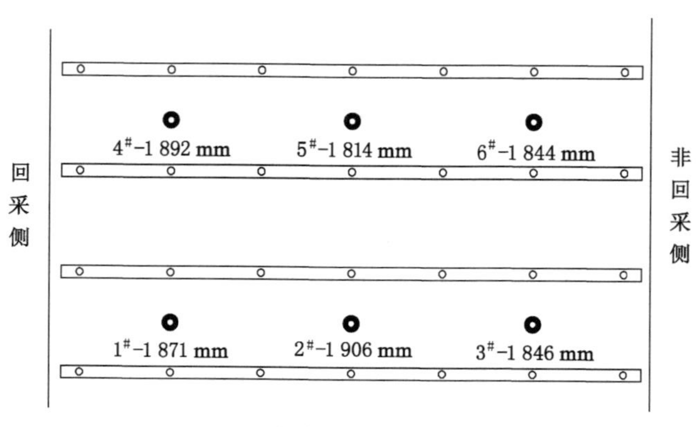


图 4-9 顶板锚杆布置示意图及实测锚固长度

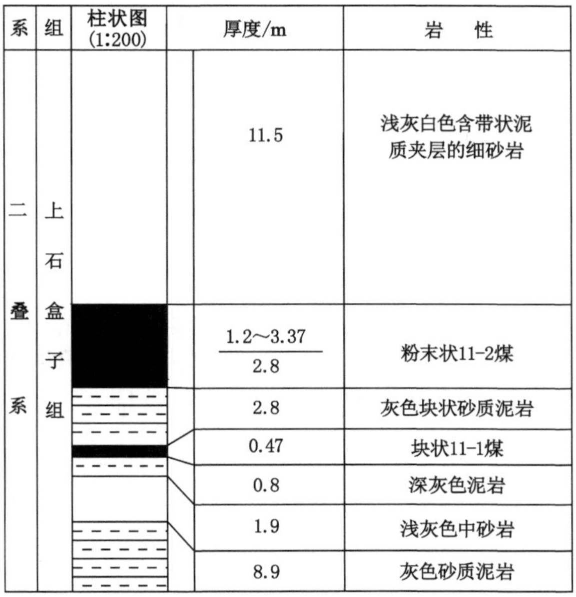

| 系 | 组 | 柱状图(1:200) | 厚度/m | 岩　性 |
|---|---|---|---|---|
| 二叠系 | 上石盒子组 | | 11.5 | 浅灰白色含带状泥质夹层的细砂岩 |
| | | | 1.2～3.37<br>2.8 | 粉末状11-2煤 |
| | | | 2.8 | 灰色块状砂质泥岩 |
| | | | 0.47 | 块状11-1煤 |
| | | | 0.8 | 深灰色泥岩 |
| | | | 1.9 | 浅灰色中砂岩 |
| | | | 8.9 | 灰色砂质泥岩 |

图 4-10　1251(1)工作面运输顺槽顶底板综合柱状图

### 4.2.3　试验步骤

将加工好的测力锚杆按照方案 3 安装后，首先对 1# 测力树脂锚杆进行拉拔试验，依照经验初次设定施加载荷为 140 kN，载荷分为 10～15 级，逐级加载，每次加载后马上测量记录载荷、应变片读数和外端点位移；然后稳定 3～5 min 再测量记录一次，当外端点位移突增时，适当降低加载速率。继续重复以上步骤对剩下的 5 根测力树脂锚杆进行拉拔试验，测得树脂锚杆拉拔试验过程中预拉力、外端点位移及不同预拉力作用下锚杆杆体平均轴力等数据。树脂锚杆拉拔试验示意图如图 4-11 所示，现场树脂锚杆拉拔试验照片如图 4-12 所示。

### 4.2.4　树脂锚杆杆体应力分布及承载特性分析

#### 4.2.4.1　预拉力与树脂锚杆杆体平均轴力分布及演化的关系

这里需要说明，由于 3# 锚杆拉拔试验中监测设备没有严格按照要求安装，测试数据无效，最终得到了 5 组试验数据。

不同预拉力下锚杆杆体平均轴力分布及演化曲线如图 4-13 所示。从图中可知，不同预拉力下树脂锚杆杆体平均轴力沿锚固方向分布呈现先减小后增大的特征，同时表现出随着外端点预拉力的增大不断增加的演化过程；基于中性点理论，可以推断直径 22 mm、长 2 400 mm、理论锚固长度 1 850 mm 安装于砂质泥岩中的锚杆，在工作状态下，其中性点即杆体拉应力最大点出现在外锚固段杆体上约 800 mm 位置处(包括锚杆外露段 200 mm)；随着预拉力的增加，中性点附近即外锚固段锚杆杆体平均轴力增加最为显著，说明煤矿巷道树脂锚杆工作状态下，随着巷道围岩的变形，锚杆杆体应力变化主要集中在中性点附近，在锚杆支护失效前，中性点附近锚杆杆体是有效限制围岩变形的主要承载区域，当中性点位置

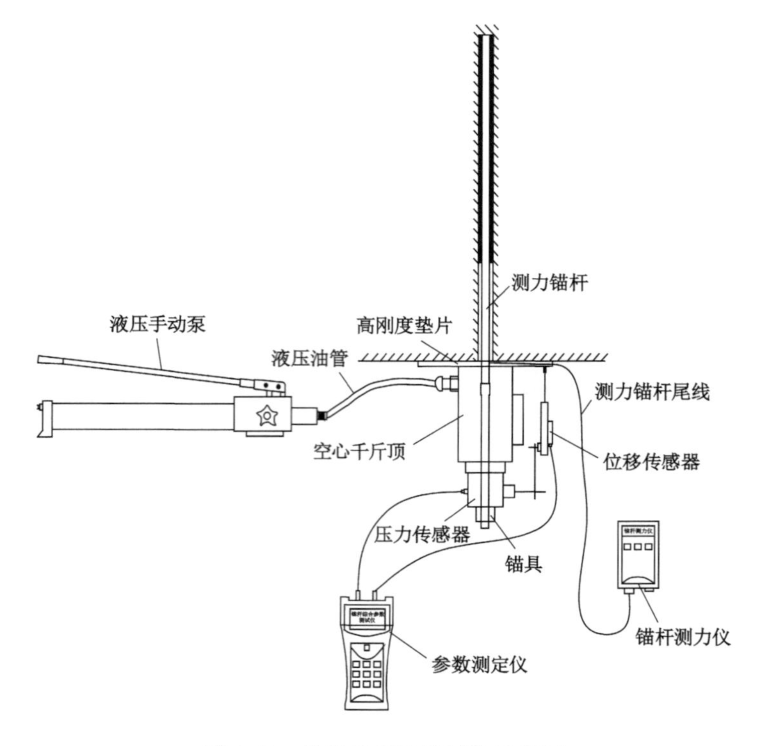


图 4-11　树脂锚杆拉拔试验示意图

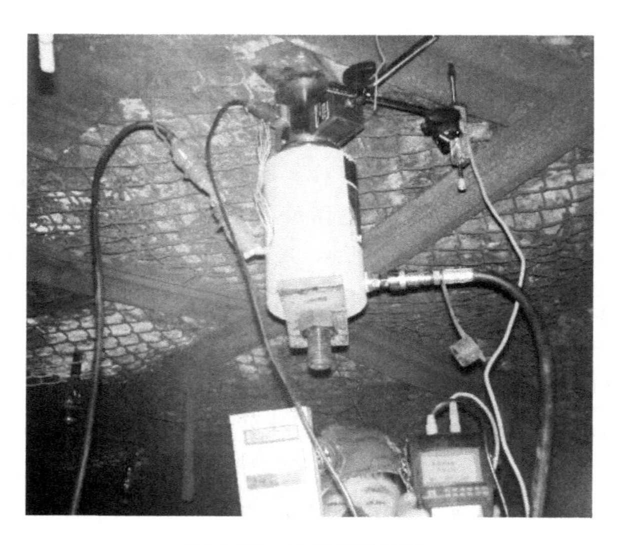

图 4-12　拉拔试验照片

杆体表面剪应力超过树脂锚固剂与其黏结力时，杆体与锚固层界面在中性点位置首先出现破坏，同时中性点位置沿锚固方向向围岩深部转移，对限制巷道围岩变形起主要作用的是中性点附近杆体-锚固层-围岩三者之间的黏结关系，并非锚固长度越长巷道围岩变形就越小。因此，可以调整中性点附近杆体-锚固层-围岩三者之间的匹配关系使煤矿巷道树脂锚杆处于最佳的承载状态，确保树脂锚杆长时有效提供支护阻力以最大限度限制

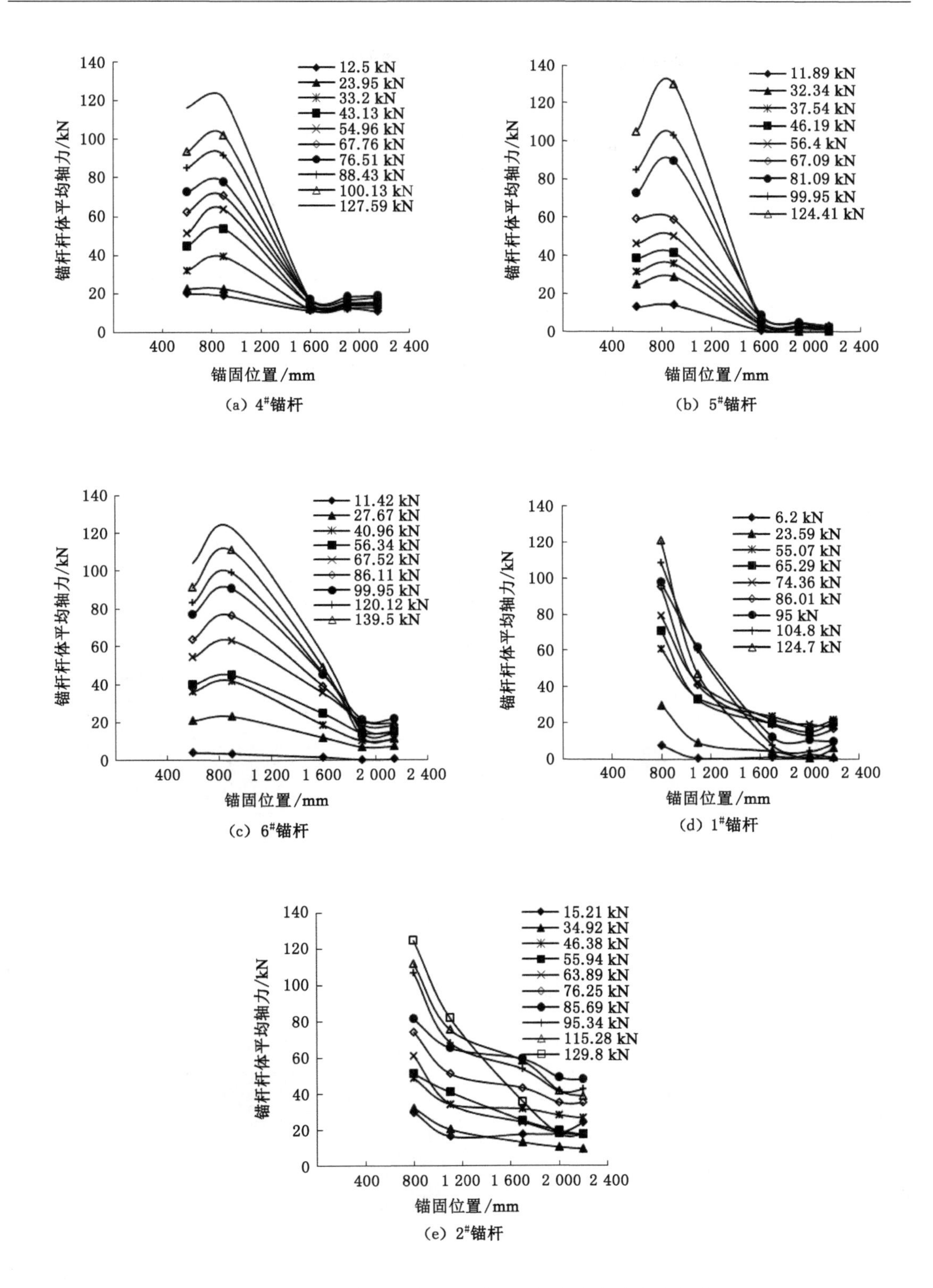


图 4-13 不同预拉力下锚杆杆体平均轴力分布及演化曲线

围岩变形，获得较为理想的支护效果；同时由图 4-13 可知，当锚杆杆体外端点预拉力增大到一定值时，杆体内锚固段平均轴力出现了减小的趋势；杆体锚固长度约为 1 920 mm，由图(a)～(b)可知，实测靠近锚杆杆体外端点(杆体坐标 600 mm 位置)的平均轴力小于测得的预拉力，其主要原因是锚杆杆体应变数据的采集滞后于树脂锚杆预拉力数据的采集 60 s，而现场采用的液压手动油泵保压功能较差，锚杆杆体应变数据采集时空心千斤顶部分液压油已回流至手动油泵，千斤顶内部压力降低，从而造成树脂锚杆杆体靠近最外点的实测应力偏小。

同时由图 4-13 可知，树脂锚杆杆体平均拉应力沿锚固方向分布较为平缓，没有出现明显的"拉应力平台"，因此根据第 3 章理论研究结果，可以推断杆体与围岩之间锚固较好，不存在锚固空洞，锚固区范围内巷道顶板围岩整体完整性较好，不存在离层现象等。为进一步验证以上推理，采用钻孔窥视仪探测巷道顶板不同深度围岩状况，探测结果如图 4-14 所示。图中显示巷道围岩整体完整，无明显的顶板离层现象发生，与推论结果一致。

4.2.4.2　预拉力与树脂锚杆杆体外端点位移关系分析

预拉力与锚杆杆体外端点位移的关系曲线如图 4-15 所示。由图 4-15 可知，锚杆杆体外端点的位移随着预拉力的增加不断增大，可分为两个阶段：在预拉力增加初期即预拉力在 10 kN 以下时，树脂锚杆杆体外端点位移增加较快，且基本与拉拔力呈线性关系，此阶段树脂锚杆杆体外端点的位移主要由千斤顶作用力通过高刚度垫片压缩围岩、锚杆杆体和锚固层产生弹性变形共同引起，经历时间较短；当预拉力继续增大到一定程度即预拉力大于 10 kN 时，树脂锚杆杆体外端点位移增加速度开始变小，说明此时高刚度垫片已贴紧围岩表

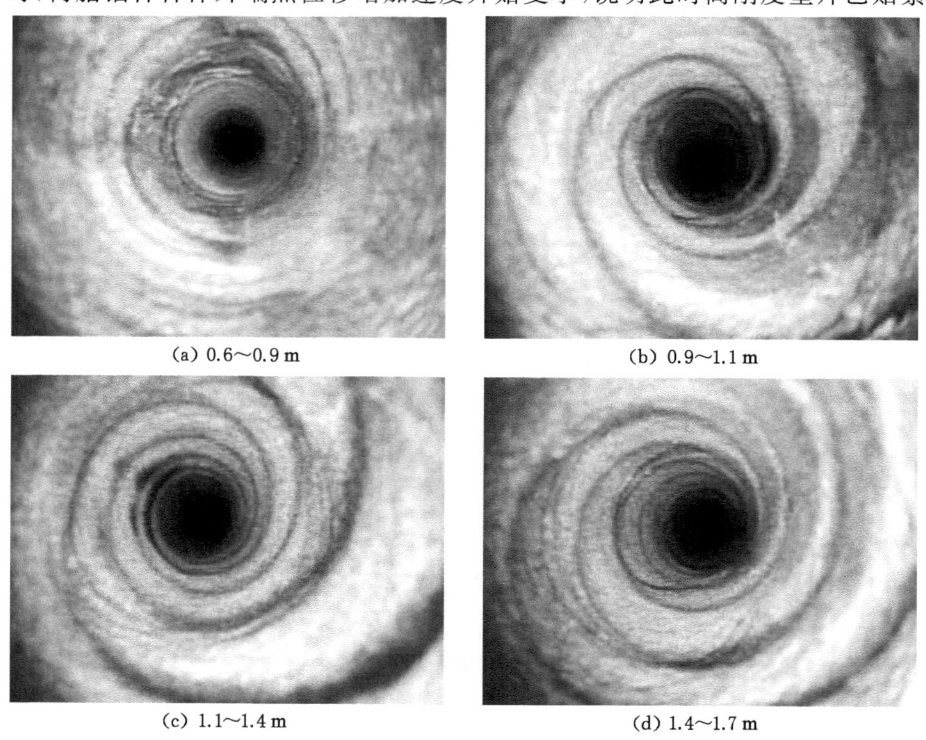

(a) 0.6～0.9 m　(b) 0.9～1.1 m　(c) 1.1～1.4 m　(d) 1.4～1.7 m

图 4-14　沿锚固方向不同深度围岩状况

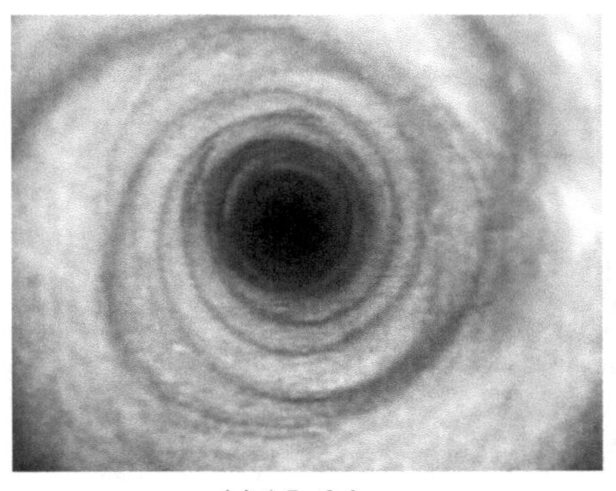
(e) 1.7～2.0 m

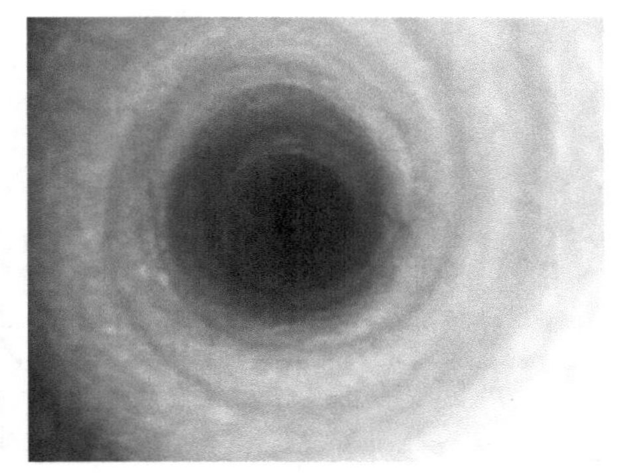
(f) 2.0～2.3 m

图 4-14(续)

面，预拉力开始通过树脂锚杆杆体向深部围岩扩散，树脂锚杆杆体应力开始增大，杆体开始承载并对围岩体提供支护阻力，外端点位移主要由树脂锚固剂在黏结力作用下变形、围岩体进一步压缩变形等共同引起。因此，煤矿巷道采用树脂锚杆支护时，必须对锚杆施加一定的预拉力，使锚杆托盘、钢带、网等与围岩表面贴紧，尽早发挥锚杆杆体的承载特性，最大限度限制围岩体开挖后的扩容变形，减小围岩体的松散破碎范围，使围岩体尽早恢复到三向受力状态，以取得较为理想的巷道围岩控制效果。

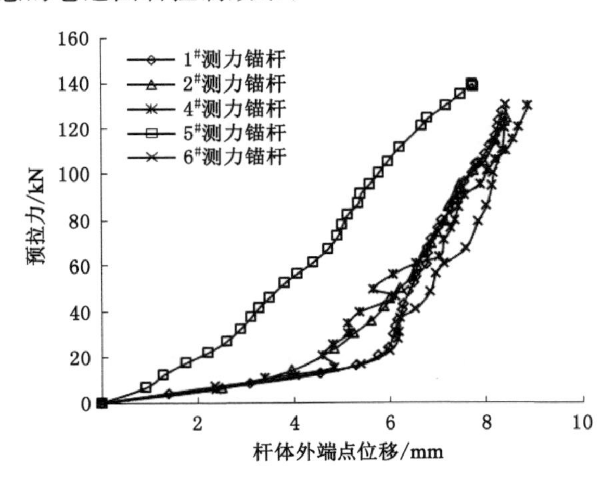


图 4-15 预拉力与树脂锚杆杆体外端点位移的关系曲线

# 5 煤矿巷道围岩动态实时在线监测系统及锚杆应力实测研究

目前煤矿锚杆支护巷道围岩矿压监测的方法和仪器种类很多，其本身具备很多优点，所监测的内容可以从不同角度和深度揭示巷道的稳定状况及锚杆与围岩的相互作用关系，保障锚杆支护技术在煤矿大面积安全推广和应用，但受井下巷道特殊条件限制，目前的监测手段难以实现及时、稳定、自动化、准分布式监测，难以实现对巷道围岩的长期动态连续监测，对有可能发生的灾害无法及时进行预报警以避免灾难发生，且监测结果由人为因素带来的误差较大。因此，研究适用于我国煤矿深部巷道围岩条件的快速、方便、准分布式、自动化、高精度和可远程传输的监测技术意义重大。新型监测系统的发展可以为进一步揭示深部巷道锚杆支护作用机理及围岩时空演化规律提供科学手段，为建立深部巷道围岩灾害预警模型提供良好的基础，同时可以根据监测到的数据进一步优化和完善支护参数，实现巷道锚杆支护初始设计→现场应用→矿压监测→修改初始支护参数→现场应用→矿压监测→进一步优化支护参数的动态控制过程。

## 5.1 煤矿巷道围岩动态实时在线监测系统

### 5.1.1 监测系统的技术原理

#### 5.1.1.1 光纤光栅传感原理

光纤光栅的传输理论和光纤光栅的基本智能传感特性是研究与开发适用于煤矿井下特殊条件专用光纤光栅传感器和建立煤矿巷道光纤光栅围岩动态实时在线监测系统的基础。

光纤光栅是在光纤纤芯中通过紫外刻蚀等方式形成周期性折射率变化的一段光纤，其会反射特定波长的光谱，光纤 Bragg 光栅(FBG)的结构如图 5-1 所示。通过拉压光纤光栅，或者改变温度可以改变光纤光栅的波长周期和有效折射率，从而改变光纤光栅的反射波长。而光纤光栅的中心波长的变化量和应变、温度的变化量呈线性关系，根据其相互的线性特性，可将光纤光栅制作成测量应变、温度、压力、位移等的多种传感器，FBG 传感器工作原理如图 5-2 所示，并与光纤传感技术相结合，形成基于现代传感技术的煤矿巷道围岩实时在线监测系统。

#### 5.1.1.2 光纤光栅信号解调技术

目前探测波长移动技术主要有以下几种：比例探测法、光纤 M-Z 干涉探测法、扫描光纤 F-P 干涉仪法、CCD 阵列探测法、匹配光栅探测法。这些技术目前已经有商品化的仪器，其中，尤以扫描光纤 F-P 干涉仪法得到了广泛的应用。

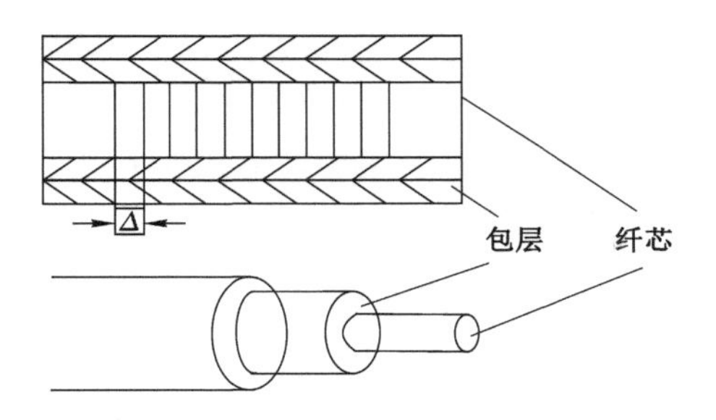


图 5-1 光纤 Bragg 光栅

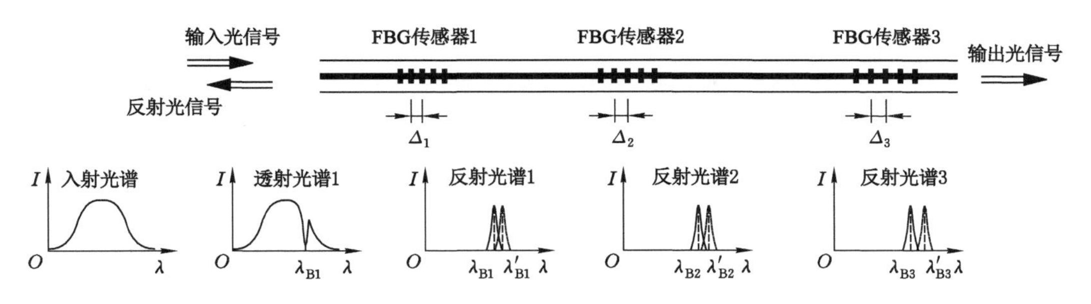


图 5-2 FBG 传感器工作原理

本监测系统采用透射光栅色散分光探测器阵列电扫描信号解调技术，相比传统解调技术而言，其优点是扫描频率稳定、波分重复性好、波长分辨率高。

5.1.1.3 光纤光栅传感器的复用技术

光纤光栅传感器的关键技术是测量其波长的变化。通常测量光波长都是用光谱分析仪，包括单色仪和傅立叶变换光谱仪等。其波长测量范围宽，分辨率高，能测量出微小的应变，可极方便地用于准分布式测量，但它体积大，价格昂贵，一般都用于实验室中，不宜现场使用。因此，可以使用波分复用、空分复用和时分复用技术，将多个光栅复用成传感器网络，然后解调复用光纤光栅网络中的各个光栅的波长变化量。

分布式传感器的复用是光纤传感器所独有的技术，它能实现沿光纤铺设路径上分布场的测量，显著降低系统成本，减少引线。光纤光栅通过波长编码易于实现复用，这种复用光纤光栅传感器已经广泛地应用于大型结构如水坝、桥梁、重要建筑和飞行器等的安全监测方面。

本监测系统采用光纤空分复用及波分复用复合技术，其优点是测试通道和测点总数易于扩展，便于现场复杂环境的集成；缺点是过多的空分复用会受到光路损耗的限制，波分复用受光源带宽资源限制。

## 5.1.2 煤矿巷道围岩动态实时在线监测系统

5.1.2.1 巷道围岩动态实时在线监测系统结构

巷道围岩动态实时在线监测系统主要采用现代化的传感技术、测试技术、计算机技术、网络通信技术等对锚杆、锚索支护巷道围岩状态进行全天候实时在线监测，实时掌握巷道围岩的变化情况，为巷道围岩的稳定程度和安全性评估提供依据，以确保施工安全和支护参数科学合理，同时对监测的数据进行自动化处理，根据处理后的数据按照设定进行巷道围岩安全预报警，形成深部巷道围岩灾害预警技术体系。

按物联网的基本层次分类方法，煤矿巷道围岩动态实时在线监测系统主要由以下三个部分构成：感知层、网络层、应用层。其系统框架如图 5-3 所示。

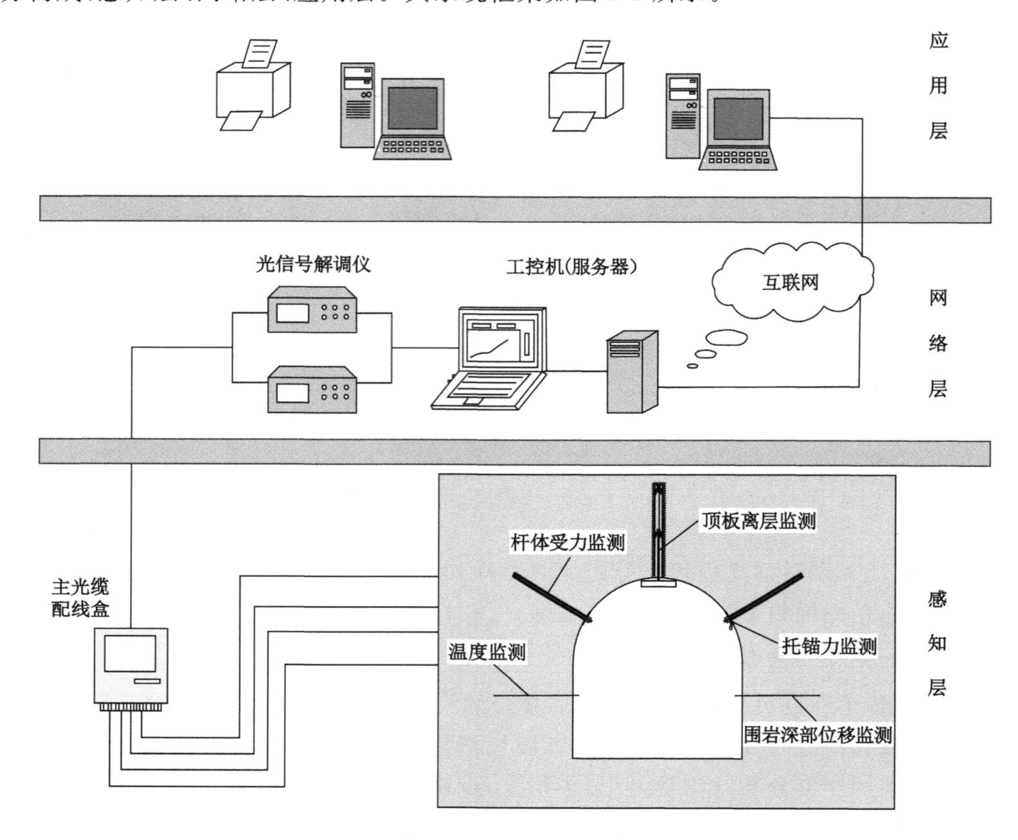


图 5-3　煤矿巷道围岩动态实时在线监测系统框架

（1）感知层

感知层主要由光纤光栅传感器组成，用于感知巷道围岩的应力、应变、位移、温度变化等。根据巷道围岩监测的对象，目前可供现场使用的传感器主要包括以下几种：

① 光纤光栅多点位移计；

② 光纤光栅测力锚杆；

③ 光纤光栅顶板离层仪；

④ 光纤光栅温度传感器；

⑤ 光纤光栅锚杆(锚索)压力计。

在煤矿巷道围岩中，根据所要监测的对象，选用不同传感器安装在巷道围岩的指定位置，形成相对独立的监测点，然后将传感器串并联后形成一个可以完整反映巷道围岩实时动态的感知网络。

① 光纤光栅测力锚杆

光纤光栅测力锚杆应用光纤传感原理并运用现代传感网络技术实现对杆体应力的动态

监测。光纤光栅测力锚杆安装过程与煤矿现场采用的普通或超高强预拉力钢锚杆相同，可采用常用的锚杆安装钻机打孔、常规树脂锚固剂锚固、人工或扭矩扳手二次加扭，替代设计中的常规锚杆锚固在巷道围岩中，在完成监测功能的同时实现对巷道围岩的加固支护作用。当光纤光栅测力锚杆因巷道围岩活动发生受力变形时，植入杆体的非均匀不对称的光纤光栅与杆体同步变形，继而改变光纤光栅的反射波的波长，反射波通过光缆传输到信号解调仪中，由上位工控机操控实现对数据采集、分析处理，从而实现锚杆受力状态的实时可视化监测。

光纤光栅测力锚杆主要由金属杆体、光纤光栅、光纤、预紧螺母、光纤适配器、安装接头等构件组成，如图 5-4 所示。

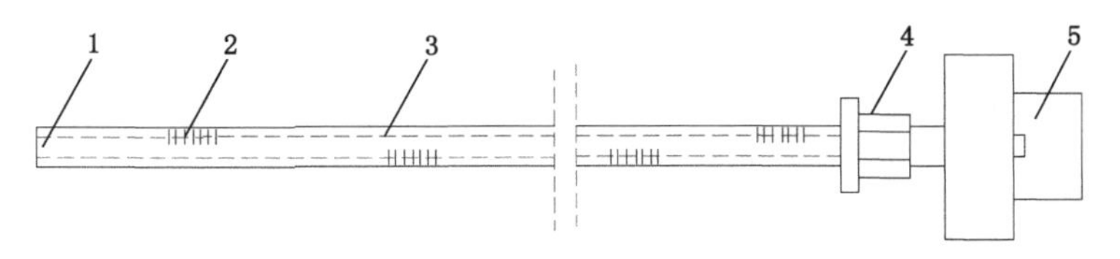


1—金属杆体；2—光纤光栅；3—光纤；4—预紧螺母；5—安装接头。

图 5-4 光纤光栅测力锚杆结构

光纤光栅测力锚杆断面尺寸如图 5-5 所示。

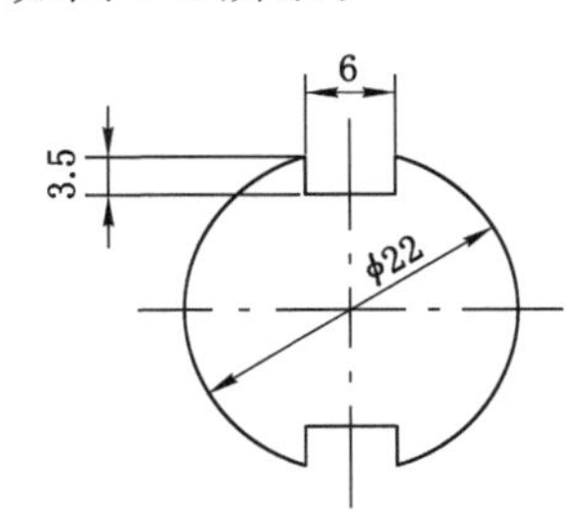


图 5-5 光纤光栅测力锚杆断面尺寸

封装好的光纤光栅测力锚杆如图 5-6 所示。

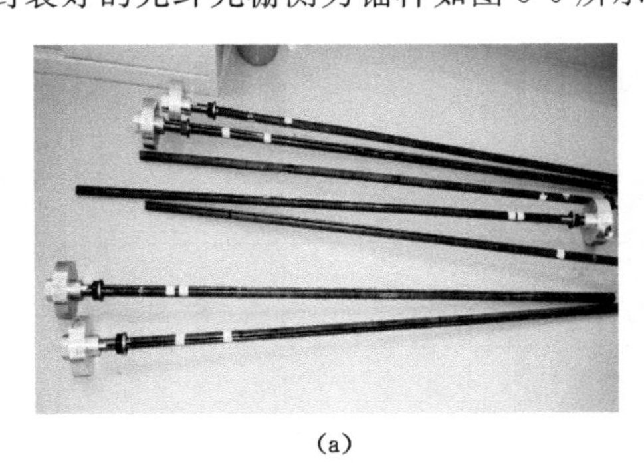

(a)

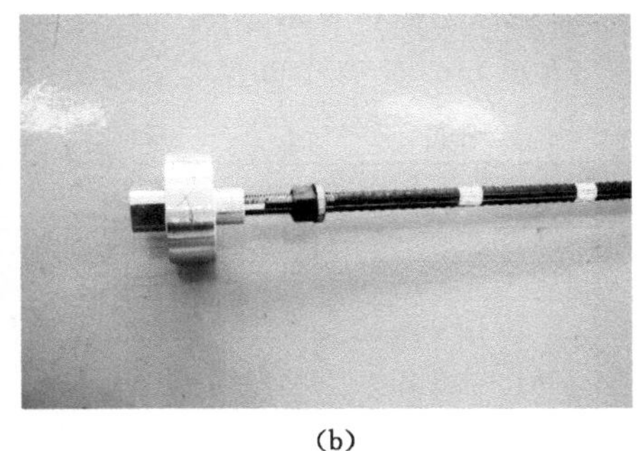

(b)

图 5-6 封装好的光纤光栅测力锚杆

根据已有的研究和测试结果，目前煤矿锚杆支护中多采用加长锚固，锚杆轴力在锚固外端一般先增大然后减小，在锚固段的底部杆体应变几乎为零。结合目前煤矿锚杆支护中的锚固长度，确定光栅在锚固段的外端部分应该布置得密集一些，后段则要稀疏一些。当然，要反映杆体应变变化的趋势，光栅点应该是越多越好，但由于受所选用光栅信号解调性能限制，每根锚杆最多布置 7 个光栅。

光纤光栅是利用不同波长对位置编码的方法来实现准分布式测量的，自动按照中心波长的大小排列，在设计光纤传感网络时，为了能够确保“寻址”到每个光栅，应根据独立变化的波长确认每一个光栅。要求每个通道内各个光栅的中心波长互不重叠。在综合考虑探测波长范围、光栅成本、系统的费用、复杂性等因素后，确定一个通道最多串联 14 个光栅，每个光栅的波长间隔最小为 2 nm。系统中采用的光纤光栅中心波长范围为 1 528～1 562 nm。应变测量中必须要剔除环境温度变化对光纤光栅传感器中心波长的影响，即要考虑应变测量中温度补偿问题，用于温度补偿的锚杆中的光栅波长为 1 554 mm、1 560 mm、1 538 mm、1 544 nm，为了方便计算温度补偿，温度补偿锚杆单独占用一个通道。

a. 帮部锚杆光栅布置示意图

样式一：每根 2 000 mm 长锚杆布置 7 个光栅，如图 5-7 所示。

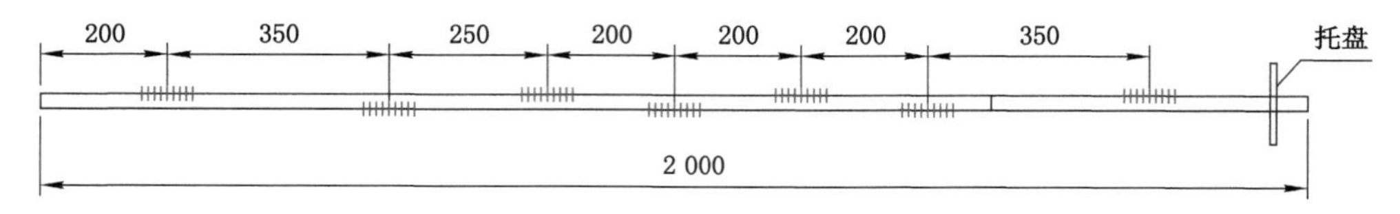


图 5-7　帮部锚杆光栅布置示意图(样式一)

样式二：每根 2 000 mm 长锚杆布置 5 个光栅，如图 5-8 所示。

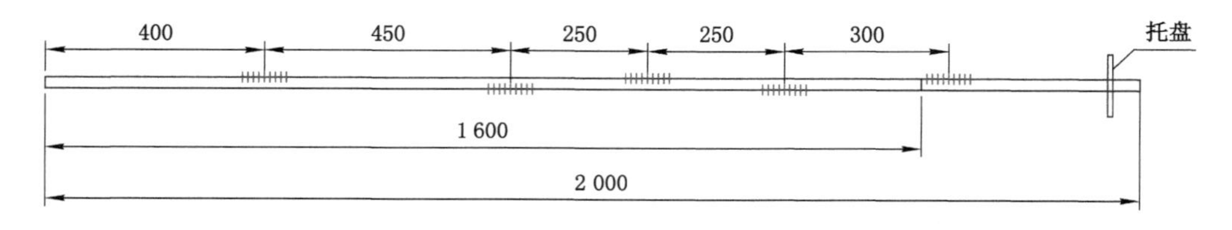


图 5-8　帮部锚杆光栅布置示意图(样式二)

b. 顶部锚杆光栅布置示意图

每根 2 800 mm 长锚杆布置 7 个光栅，如图 5-9 所示。

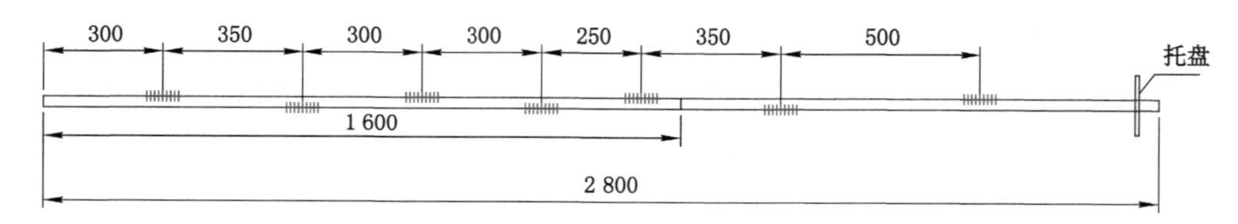


图 5-9　顶部锚杆光栅布置示意图

c. 温度补偿锚杆光栅布置示意图

每根 2 000 mm 长温度补偿锚杆布置 2 个光栅，如图 5-10 所示。

选用的光栅型号为 FBG-C 型 C 波段光纤光栅，采用 C 波段解调仪，考虑 C 波段解调仪

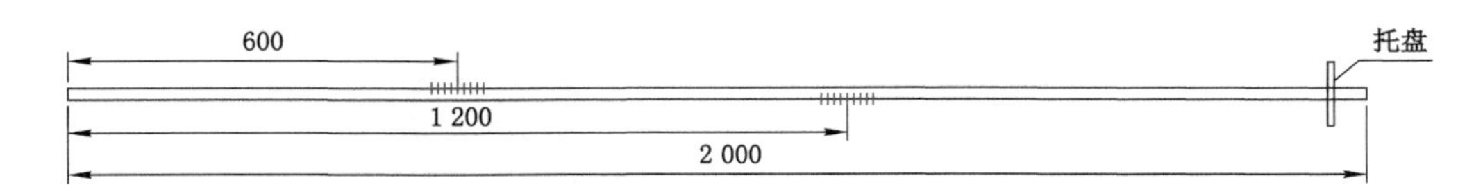


图 5-10 温度补偿锚杆光栅布置示意图

通常只有 40 nm 的带宽，选择的波长范围应在 40 nm 之内。根据测量力的范围，确定同一通道上的锚杆的光栅中心波长应相差 2 nm 左右。

光纤 Bragg 光栅测力锚杆的封装主要包括以下几个步骤：a. 表面处理——采用车床将锚杆开槽后，使用砂纸等对全槽进行打磨，去除锋利切口，特别要磨平下刀处杆体表面，确保槽内表面平整光滑；然后用酒精对光纤光栅粘贴处反复擦洗，避免粉尘、杂质等影响光纤光栅粘贴效果。b. 粘贴——首先对光纤光栅按照其布置设计图及栅区进行定位，并确保其绷直；然后使用双组分环氧胶对各个光栅进行粘贴，按环氧胶固化曲线对杆体加热，去除应力使环氧胶固化。c. 熔接——待杆体两侧光栅分别粘贴好后，在光纤的尾端涂抹硅胶去除断面反射，然后分别把两侧光纤与杆体外端保护头中固定分路器相熔接。d. 保护——在杆体两侧槽内及杆体外端保护头中灌满环氧胶进行保护，并进行高低温循环老化。

光纤光栅测力锚杆封装完成后，必须对其进行实验室标定，以检测封装效果，并为后期监控软件提供必要参数，实验室标定原理如图 5-11 所示。

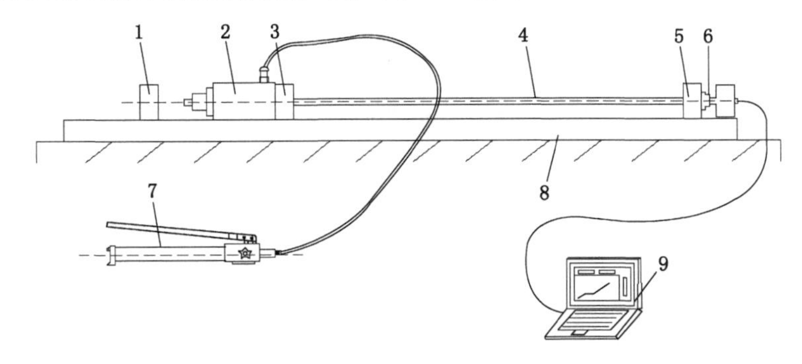


1—2.8 m 固定板；2—空心千斤顶；3—2 m 固定板；4—光纤光栅测力锚杆；5—标定架；6—预紧螺母；7—数显煤矿锚杆张拉手动泵；8—固定板；9—煤矿光纤光栅测力锚杆标定系统。

图 5-11 光纤光栅测力锚杆标定原理

具体标定方案如下：

将光纤光栅测力锚杆固定在标定架上，把非螺纹端杆体固定在固定板 1 或 3 上，锚杆螺纹端贴紧标定架上的固定板，并用空心千斤顶穿过杆体进行顶紧，用手动泵施加压力，经空心千斤顶对锚杆施加轴向拉力，光栅的波长信号变化及手动泵上的压力变化通过煤矿光纤光栅测力锚杆标定系统记录下来，然后对数据进行拉应力-波长的线性回归分析。实验室现场标定如图 5-12 所示。经过测试标定，光纤光栅测力锚杆的应力-波长线性相关系数均在 0.99 以上，最高可达 0.999 9，光纤光栅测力锚杆最大量程为 150 kN。

② 光纤光栅温度传感器

光纤光栅温度传感器其结构示意图如图 5-13 所示，由温度传感元件光纤光栅、不锈钢

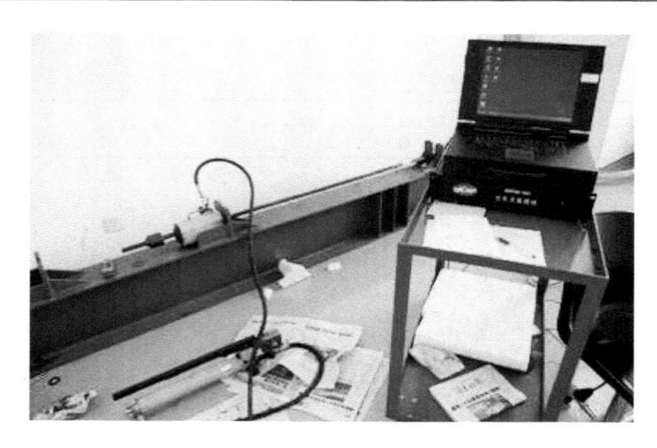

图 5-12 实验室现场标定图片

外壳、铠装阻燃尾缆等部件组成,用于煤矿巷道环境及围岩体内的温度监测。

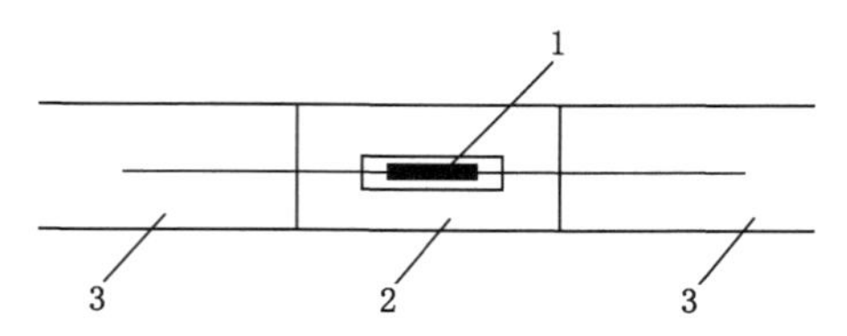


1—光纤光栅传感元件;2—不锈钢外壳;3—尾缆。

图 5-13 光纤光栅温度传感器结构

光纤光栅温度传感器的监测原理:当传感器所处环境温度发生变化时,温度传感元件由环境温度的变化而引起其波长的变化,由光纤光栅信号处理器检测到其反射波波长的变化,然后根据公式即可换算出光纤光栅温度传感器监测到的温度,封装好的光纤光栅温度传感器及其温度-波长曲线如图 5-14 所示。

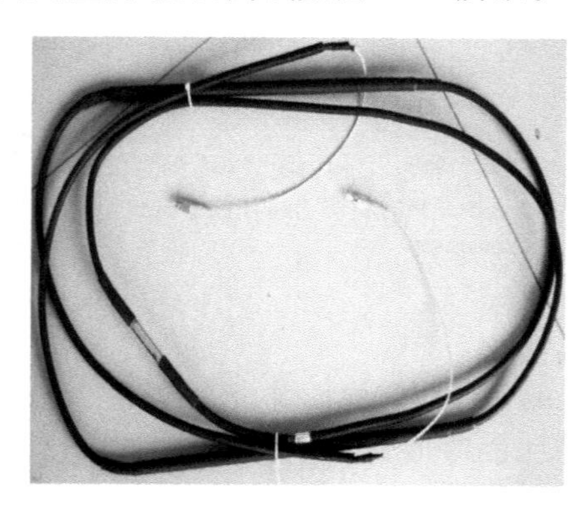

(a) 封装好的光纤光栅温度传感器

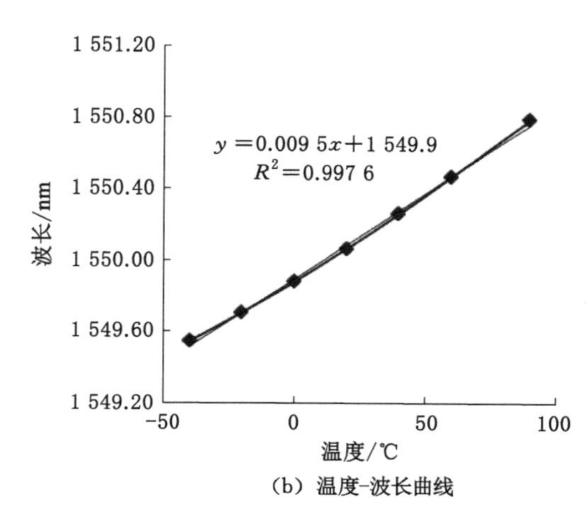


(b) 温度-波长曲线

图 5-14 封装好的光纤光栅温度传感器及其温度-波长曲线

光纤光栅温度传感器可以采用表面安装方式,也可以埋入式安装,而表面安装方式通常采用绑扎形式使温度传感器和被测物体表面紧密接触。其测量精度为±0.5 ℃。

③ 光纤光栅顶板离层仪

光栅光纤顶板离层仪主要用于观测顶板锚固范围内围岩离层位移情况，以预警顶板失稳、避免顶板冒落。其结构类似于传统的机械式顶板离层仪，结构示意图如图 5-15 所示，主要由基点固定装置、高强度锚绳、光纤光栅传感部件及铠装阻燃尾缆组成。封装好的光纤光栅顶板离层仪及其波长-位移曲线如图 5-16 所示，该装置最大量程为 200 mm。

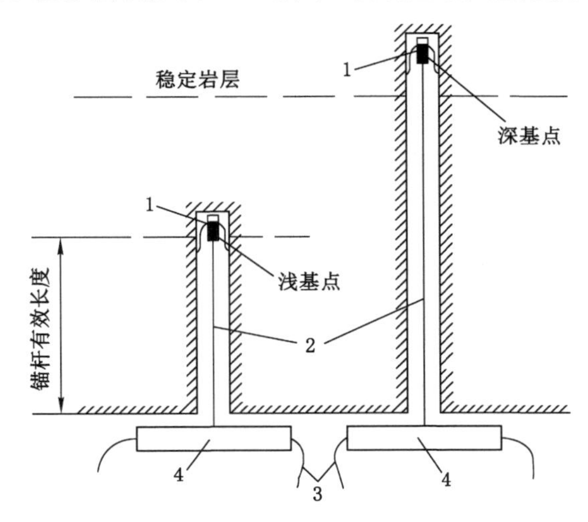


1—基点固定装置；2—高强度锚绳；3—光纤光栅传感部件；4—铠装阻燃尾纤。

图 5-15　光纤光栅顶板离层仪结构示意图

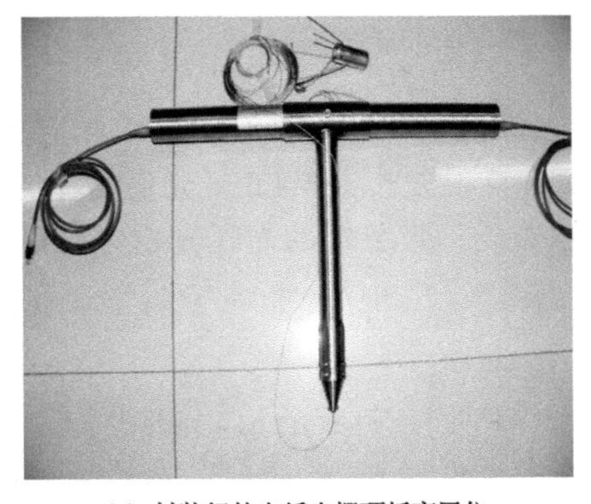

(a) 封装好的光纤光栅顶板离层仪

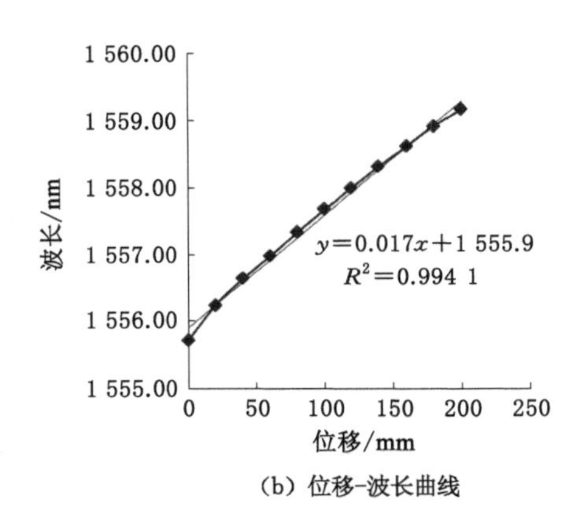


(b) 位移-波长曲线

图 5-16　封装好的光纤光栅顶板离层仪及其位移-波长曲线

安装时把深基点固定装置固定在深部围岩稳定岩层中，拉紧高强度锚绳；当顶板发生离层时，高强度锚绳带动光纤光栅传感部件受力发生光纤光栅波长变化，然后由光纤光栅信号处理器检测到其反射波变化；通过顶板离层实时监测软件获得顶板离层大小随时间的变化，实现对顶板离层的实时动态监测；当离层值超过设定预警值或报警值时，地面监控工控机触发预、报警装置实现预、报警。同时可以把多个光栅光纤离层仪串联安设于不同深度的围岩中，实现多点位移计的功能。

④ 光纤光栅锚杆(锚索)压力计

光纤光栅锚杆(锚索)压力计主要用于监测井下锚杆垂直于岩面的托锚力,以反映锚杆与巷道围岩的锚固情况,避免锚杆锚固体中出现锚空、黏结、杆体断裂等失效现象,确保锚杆对围岩提供可靠的支护阻力,实现巷道围岩的长期稳定。也可以根据托锚力随时间变化情况,推断巷道围岩的稳定时间、软岩巷道二次加固时间等。当托锚力超过设定预警值或报警值时,地面监控工控机触发预、报警装置实现预、报警。

对于锚杆支护巷道,光纤光栅锚杆(锚索)压力计安设于锚杆末端,套在锚杆托盘与螺母之间并紧贴岩面;对于架棚支护巷道,压力计可均匀布置在棚子与岩面之间,并紧贴岩面。光纤光栅锚杆(锚索)压力计主要由光纤光栅传感部件、压力传感器和铠装阻燃尾缆构成,其结构示意图如图 5-17 所示。

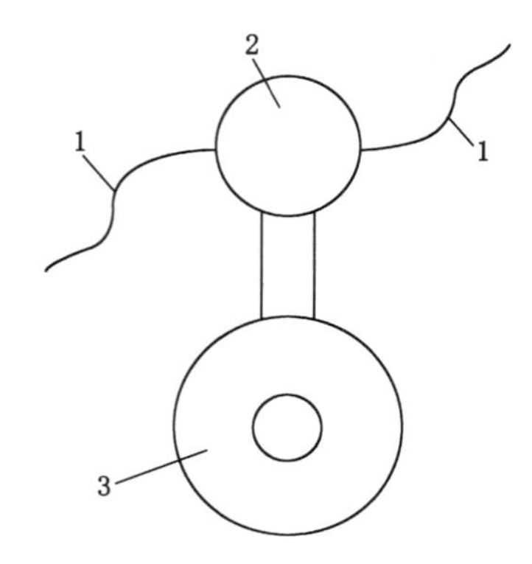


1—铠装阻燃尾缆;2—光纤光栅传感部件;3—压力传感器。

图 5-17 光纤光栅锚杆(锚索)压力计结构

当围岩变形时,压力计受力会发生变化,继而光纤光栅传感部件受力发生相应改变,引起其反射波长变化;通过光纤光栅信号处理器检测到反射波长,并与光纤光栅锚杆(锚索)应力实时监控软件结合,即可得到锚杆应力随时间的变化。封装好的光纤光栅锚杆(锚索)压力计及其压力-波长曲线如图 5-18 所示。

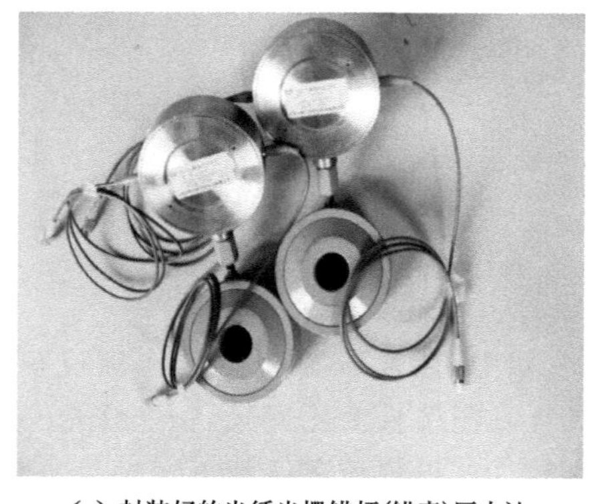

(a) 封装好的光纤光栅锚杆(锚索)压力计

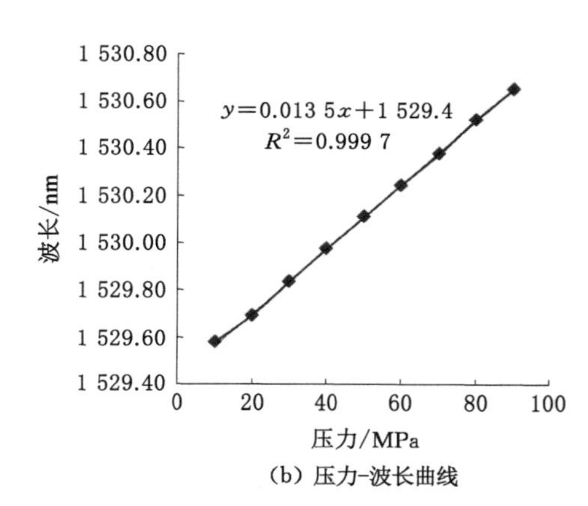


(b) 压力-波长曲线

图 5-18 封装好的光纤光栅锚杆(锚索)压力计及其压力-波长曲线

(2) 网络层

网络层用于完成对感知层监测数据的自动化处理，主要包含数据采集系统、数据通信与传输系统、数据分析和处理系统即软件系统。

网络层主要通过传输光缆将感知层中的传感器组建成信息采集传输网络，集中汇总到井上的控制中心，经光开关与 BOTDA/BOTDR 和 FBG 信号解调仪连接，然后由中央处理计算机对 BOTDA/BOTDR 和 FBG 信号解调仪进行控制，实时对感知层传感器所测量到的巷道围岩变形动态数据进行捕获，继而实现自动化采集数据处理、监测数据显示、系统控制管理与维护、安全分析评估等。汇总分析后形成海量数据库存放在硬盘矩阵中，留待应用层的访问。

本次监测系统开发的监测软件简介如下。

① 软件功能

系统软件能方便实时观察到巷道围岩中传感器监测对象的情况，具备以下功能。a. 实时显示功能——可显示传感器布设在巷道中的具体位置，通过传感器对应编号字体的变化可以获得该传感器所处状态，同时可以实时显示该传感器上各个监测点的具体数值、受力分布及变化趋势；b. 采集数据保存功能——完成对监测数据的实时储存，并且提供外部读取数据接口，同时具备数据打印、表格文件导出等功能；c. 预报警功能——提供巷道围岩监测对象的实时安全状态指示，具备巷道围岩安全预报警灯及报警铃功能；d. 互联网阅览功能——能与互联网连接，提供局域网阅览功能，方便用户远程阅览。

② 软件界面

软件开机画面如图 5-19 所示。该软件根据监测内容主要包括煤矿巷道锚杆应力实时在线监测系统、煤矿巷道锚杆托锚力监测系统、煤矿巷道顶板离层及预警系统和煤矿巷道温度场监测系统四大部分，如图 5-20 所示。

**煤矿巷道光纤光栅围岩实时监测系统**

图 5-19　开机画面

**煤矿巷道光纤光栅围岩实时监测系统**

**1. 煤矿巷道锚杆应力实时在线监测系统**
**2. 煤矿巷道锚杆托锚力监测系统**
**3. 煤矿巷道顶板离层及预警系统**
**4. 煤矿巷道温度场监测系统**

图 5-20　系统监测软件的组成

下面以煤矿巷道锚杆应力实时在线监测系统为例，详细介绍软件主要界面及功能。

a. 煤矿巷道锚杆应力实时在线监测主界面，包括主界面功能菜单栏、锚杆布置示意图、锚杆应力实时显示总览图、日期时间显示、系统监测状态显示报警灯等，如图 5-21 所示。其中主界面功能菜单栏包括时间显示、运行按钮、系统菜单以及退出程序按钮，可用于开始或者停止数据采集。

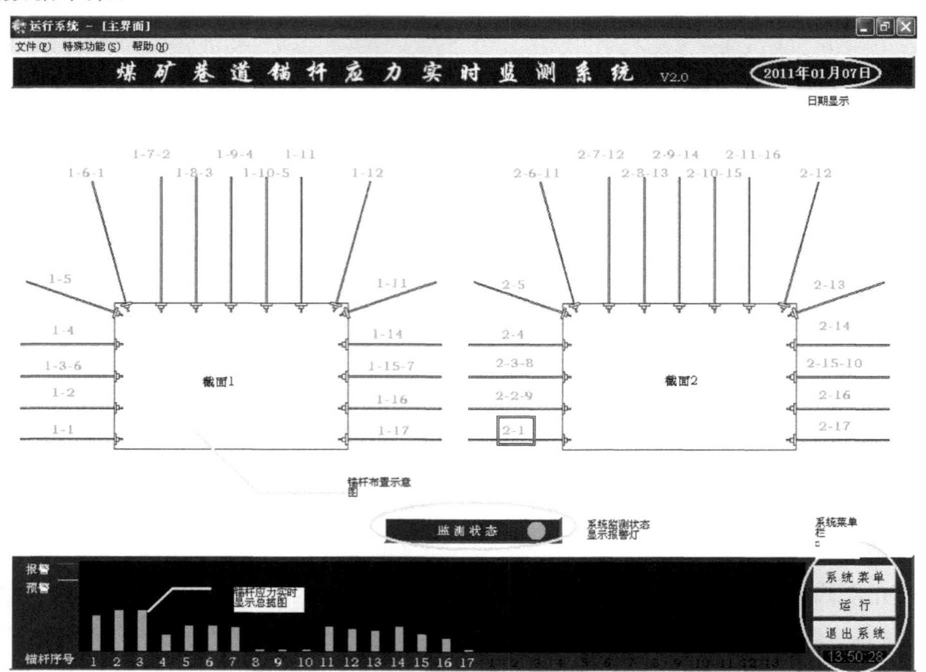


图 5-21　煤矿巷道锚杆应力实时在线监测主界面

b. 锚杆受力状态显示界面：点击锚杆序号标注可进入锚杆受力状态显示界面，如图 5-22 所示。锚杆受力状态显示界面包括锚杆光栅分布示意图、受力分布图、单位切换按钮、锚杆测量值显示框等，主要显示单个测力锚杆所测得的数据。

c. 参数设置界面：默认传感器参数设置界面如图 5-23 所示，这里需要指出只有当程序数据采集停止后才能进入参数设置界面。可以在传感器参数设置界面中进行传感器参数的设置以及更改，并且可以在设置表中关联对测力锚杆温度补偿的温度传感器所在的位置。

d. 报警值设定界面：报警值设定界面如图 5-24 所示。报警参数分为四级，其中三级为预警值，四级为报警值，均以 kN 为单位设定，报警参数可以根据不同的围岩情况进行设定。

e. 其他界面：除以上界面以外，软件还包括：数据采集时间间隔设置界面，用于设定数据采集的时间间隔；历史数据保存界面，可实现选定时间间隔内监测数据的导出或打印；报警日志界面，可开启或者取消预报警点储存功能，主要记载预报警发生的日期、时间、超过预报警值的锚杆编号、报警类型、锚杆报警光栅点的瞬时测量值、设定的锚杆预警值或者报警值等内容。

(3) 应用层

应用层由后台计算机和信息交互网络构成。用户通过网络与后台计算机连接，对网络

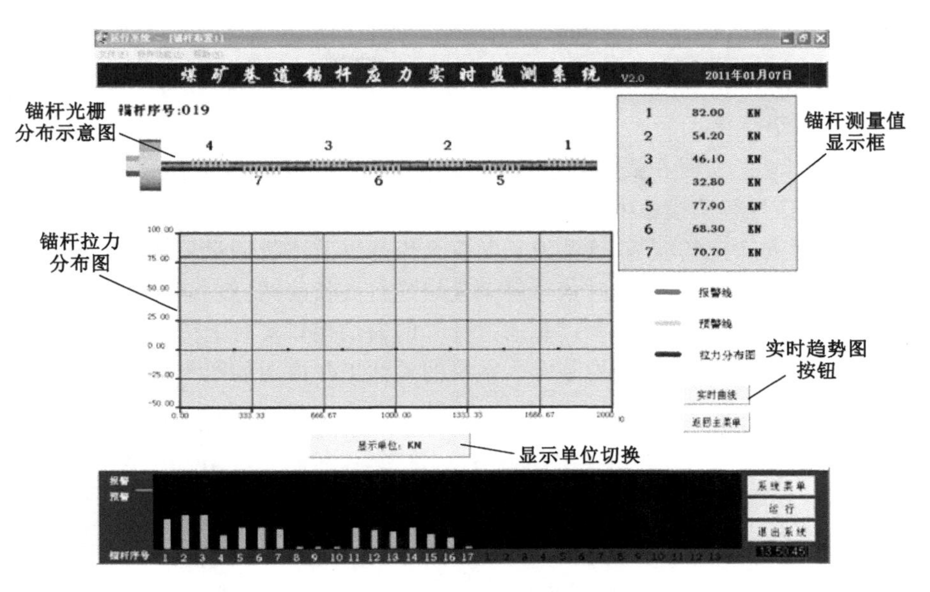


图 5-22 锚杆受力状态显示界面

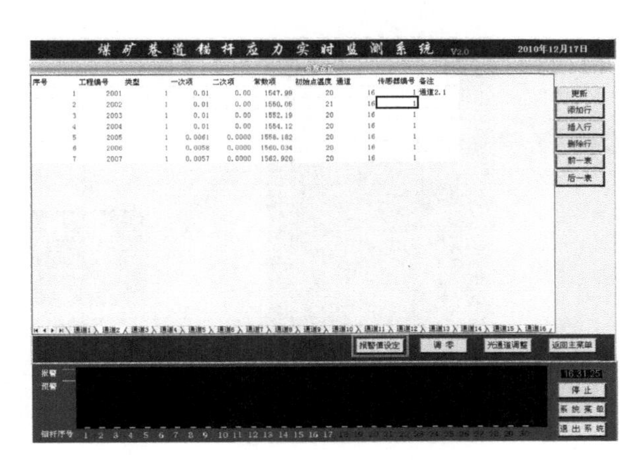


图 5-23 传感器参数设置界面

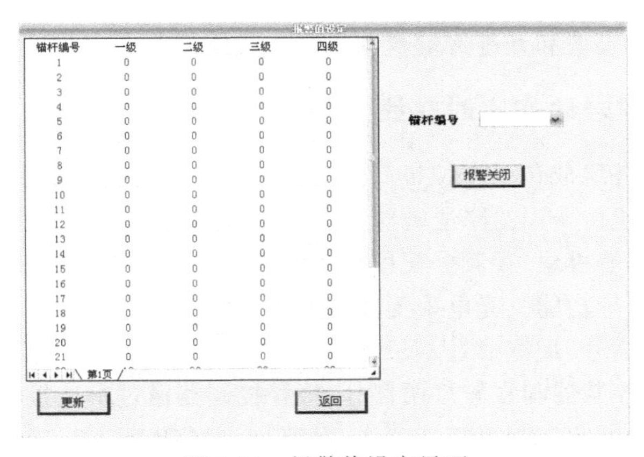


图 5-24 报警值设定界面

层硬盘矩阵中存储的数据库进行访问。在用户无法上网的情况下，也可以通过手机交互的方式完成访问。

5.1.2.2　系统工作原理

煤矿巷道围岩动态实时在线监测系统，由非电本征防爆抗电磁干扰的光纤光栅传感器做应力传感单元，由信号解调模块中光源发出的高能量光束通过光缆注入光纤光栅传感器阵列，每个光纤光栅将反射特定的波长，这些波长与各个传感器监测物理量呈线性关系；待传感器受外界作用波长发生变化时，将由光纤信号解调模块进行波长解调，然后根据设定的参数计算出每个传感器的测量值，所测值和各种信息通过标准的通信接口实时上传给监控上位机，进行信号显示、故障诊断、事件记录、报警控制等。系统的整体工作框图如图 5-25 所示。

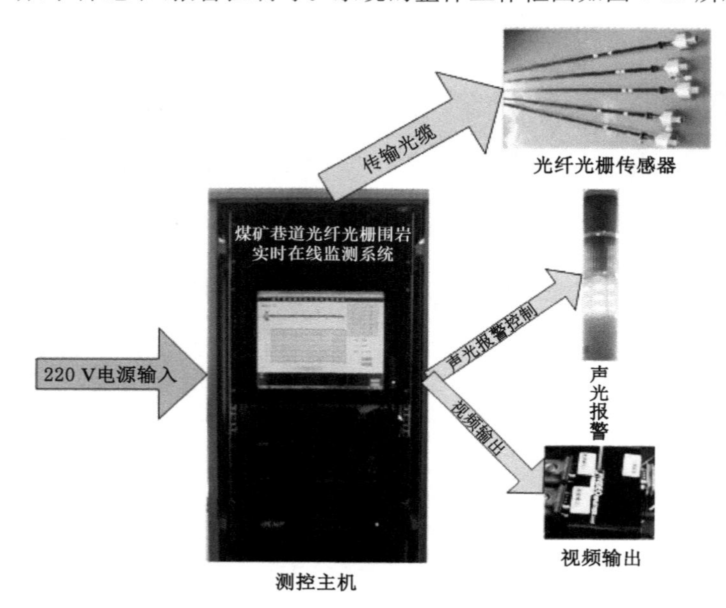


图 5-25　系统整体工作框图

内部连接示意图如图 5-26 所示，其中所有电源线连接到机柜的插座上，报警控制器上的连线按对应标号连接，视频线用于视频外部输出，光电采集模块与工控主机的 USB 线可以交换连接，光电采集模块和光纤终端盒用光纤跳线连接。

### 5.1.3　煤矿巷道围岩动态实时在线监测系统硬件

监测系统主要硬件组成包括工控机、光电采集模块、光纤终端盒、报警模块、视频分配模块、机柜。其中，工控机由 4U 工控主机与上架式显示器组成，实物图如图 5-27 所示，工控机与光电采集模块、报警模块、视频分配模块都有连接，完成采集、处理、显示传感器数据以及报警输出、视频输出等功能。光电采集模块可供多路光纤光栅传感器反射信号输入，并将光学信号转换为数字信号，最终通过 USB 接口传入工控机，其实物图如图 5-28 所示。而报警模块主要包括报警控制器和报警灯两部分，报警控制器通过串口接收工控机的指令，转换为报警灯的开关信号，以此控制报警灯动作；报警灯由红黄绿三色 LED 灯和一个报警器组成，可以指示正常、预警、报警三种状态。报警模块实物图如图 5-29 所示。

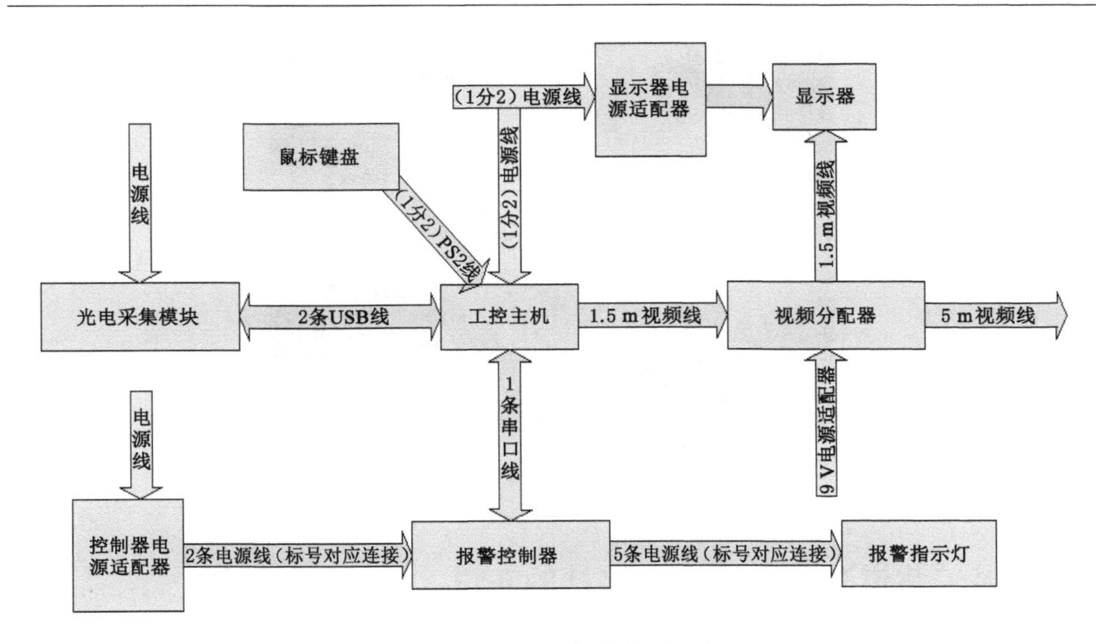


图 5-26 内部电气连线示意图

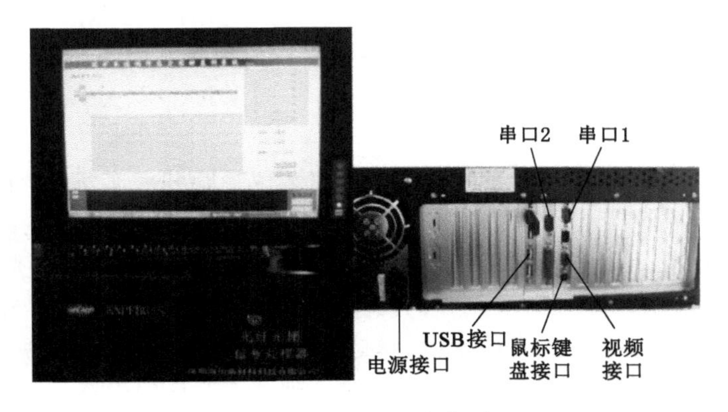


图 5-27 工控机实物图

图 5-28 光电采集模块实物图

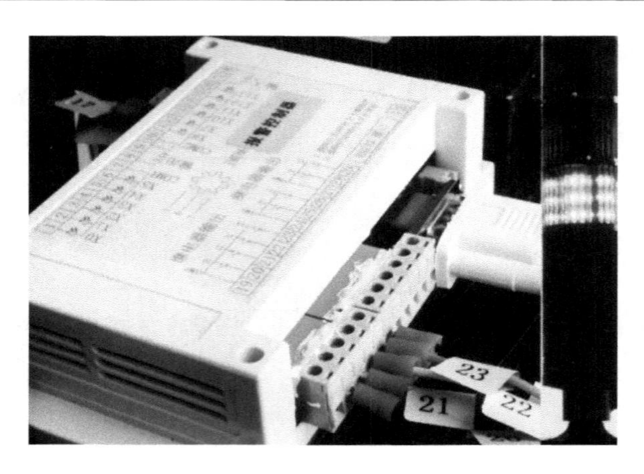


图 5-29　报警模块实物图

## 5.2　煤矿巷道光纤光栅测力锚杆的布设

为研究煤矿巷道中树脂锚杆杆体应力分布及演化特征，采用煤矿巷道围岩动态实时监测系统对安装后的光纤光栅测力锚杆杆体应力变化进行实时动态监测。本次实测场地选择的是朱集煤矿 1111(1)工作面两条顺槽，1111(1)工作面地质剖面图如图 5-30 所示。

### 5.2.1　光路铺设

1111(1)工作面顺槽两条光纤光栅测力锚杆安装位置距井底车场 2 900 m，光纤光栅测力锚杆信号由 24 芯传输光缆传输至井底车场，24 芯传输光缆由多段连接而成(其中运输顺槽有 2 段，轨道顺槽有 3 段)，光缆之间通过两个光纤接续盒进行熔接；在光纤光栅测力锚杆安装位置，24 芯光缆与 24 根尾纤分别相熔接，分别接入 24 芯光纤配线架中的 24 个光纤适配器输出端，并封装于密闭防尘保护盒中，然后通过 FC/APC-FC/APC 光纤跳线与安装好的光纤光栅测力锚杆连接，形成光纤光栅测力锚杆到井底车场的光路。

在井底车场，同样 24 芯光缆分别跟 24 根尾纤相熔接，然后接入 24 芯光纤配线架中的光纤适配器输出端，光纤适配器输出端通过 FC-FC 光纤跳线接入井底车场 48 芯光纤配线架中的 24 个输入端口，再由 48 芯井筒主光缆送至地面新机房监控室中。井筒主光缆总长度约 1 800 m，其中立井井筒中光缆长度为 906 m，地面井口到新机房监控室长度约 930 m，井筒光缆两头均已全部熔接尾纤并接入 48 芯光纤配线架中。

在新机房，光缆经 48 芯光纤配线架再通过光纤适配器和 FC-FC/APC 光纤跳线与光纤光栅信号处理器通道进行连接，接入巷道围岩动态实时在线监测系统。最终形成可供本次试验选择的 24 路完整光路，如图 5-31 所示。

光路中所使用的部分连接配件如图 5-32 所示。

### 5.2.2　光路检测、调试和选取

本次现场铺设的光路中熔接及转接点较多，且实际光路连接中部分原设计的 FC/APC-FC/APC 光纤跳线更换成了损耗较大、质量较差的 FC-FC 光纤跳线，加上井下施工条件和

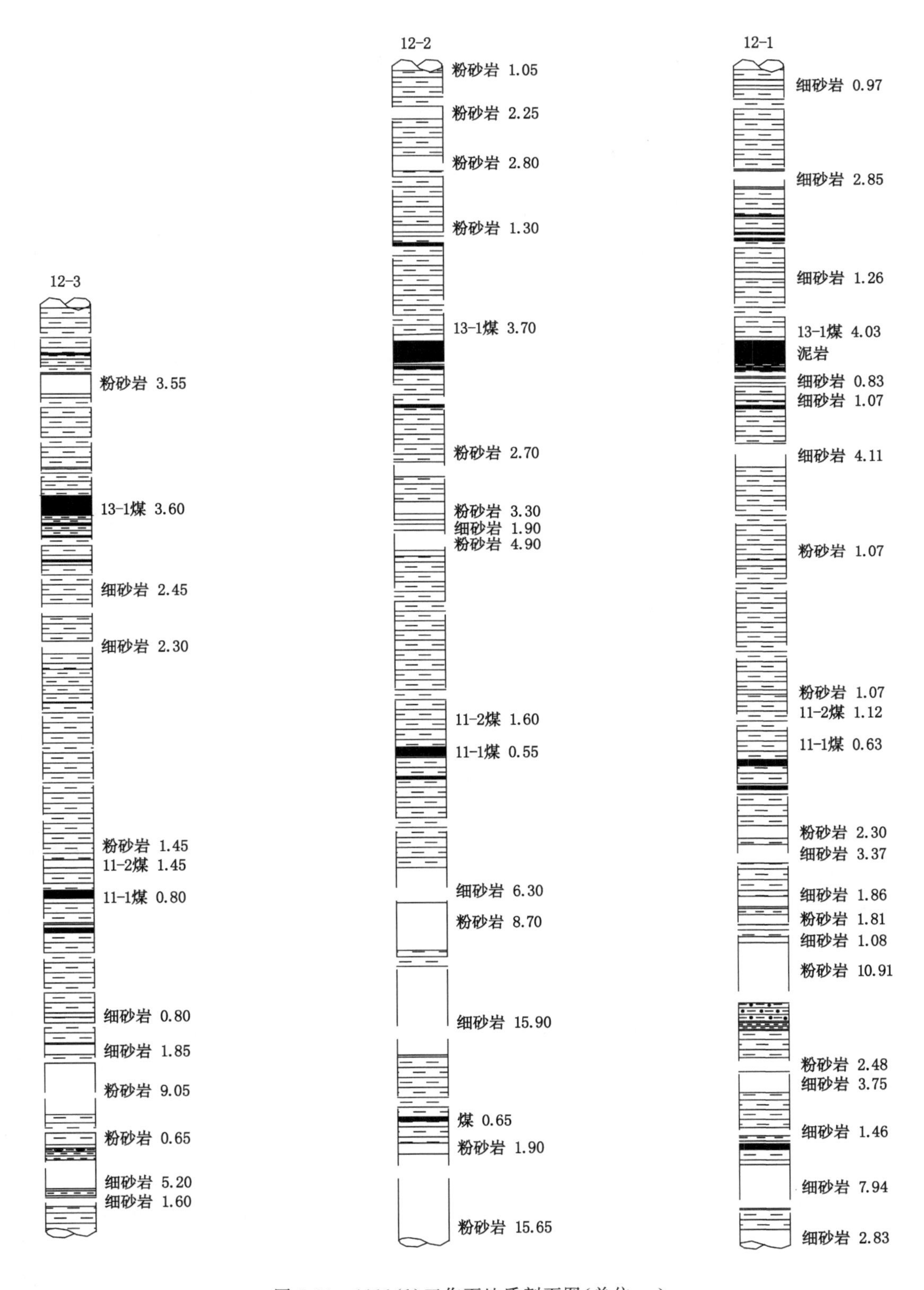


图 5-30 1111(1)工作面地质剖面图(单位:m)

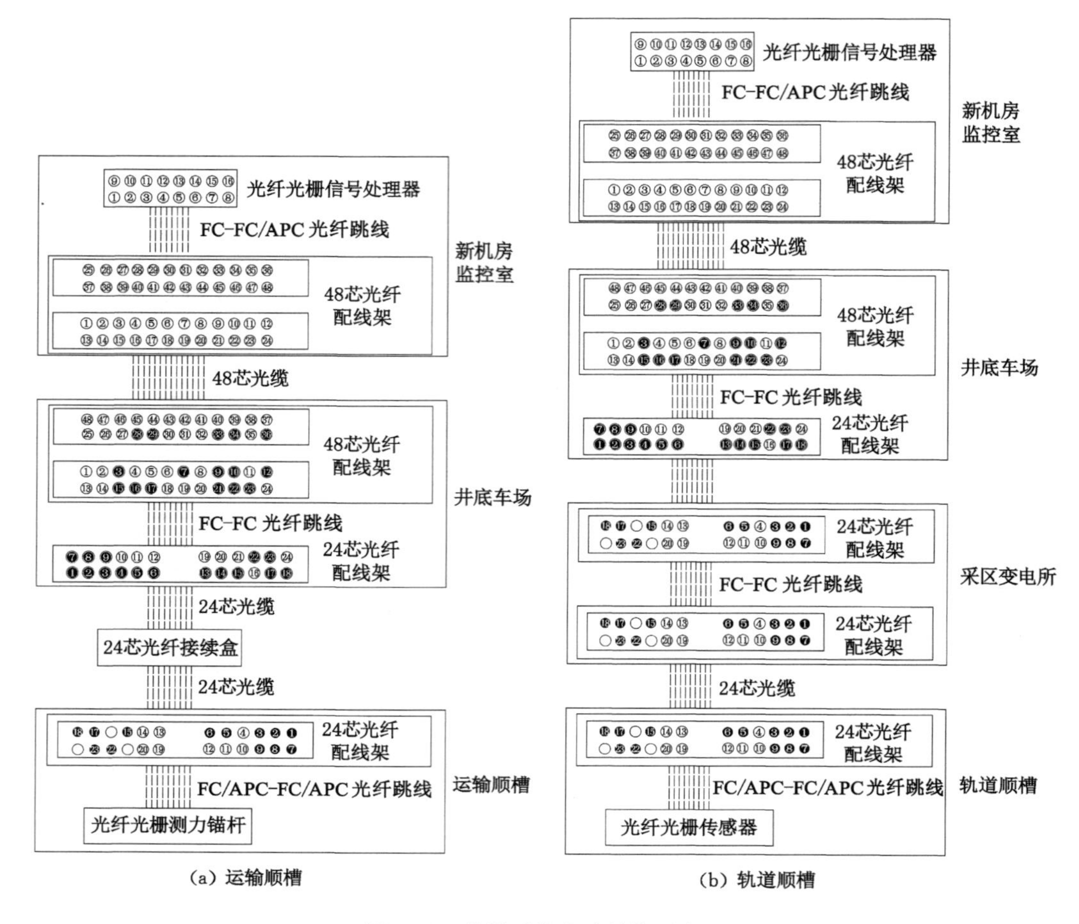

(a) 运输顺槽　(b) 轨道顺槽

图 5-31　监测系统光路结构示意图

环境比较恶劣复杂等因素影响，光路初步铺设完成后，需要对全部光路逐个进行检测和调试，以选取损耗最小的光路。

系统光路检测、调试和选取主要包括以下几个方面的内容。

#### 5.2.2.1　光纤光栅传感器成活率检测

此项检测主要是为了查看安装后传感器中预置光栅的成活情况。采用的方法为从初步铺设完成光路中选择一条光信号最好的光路作为检测光路，然后在迎头密封防尘盒中 24 芯光纤配线架上逐个把已使用 FC/APC-FC/APC 光纤跳线接入的光纤光栅传感器插入检测光路，随后在地面新机房工控机中使用光纤光栅处理器调试软件逐个检测传感器中光栅的成活情况及工作状态。

#### 5.2.2.2　光路连通检测

本检测的主要目的是检测光路是否连通，同时完成井下和地面光通道的对应，即完成井下安装的光纤光栅测力锚杆编号与地面光纤光栅解调仪通道的对应，以便后期准确地在对应通道中输入光纤光栅测力锚杆的参数。采用分段排查法进行光路的检验。使用的检测仪器为红光源，如图 5-33 所示。

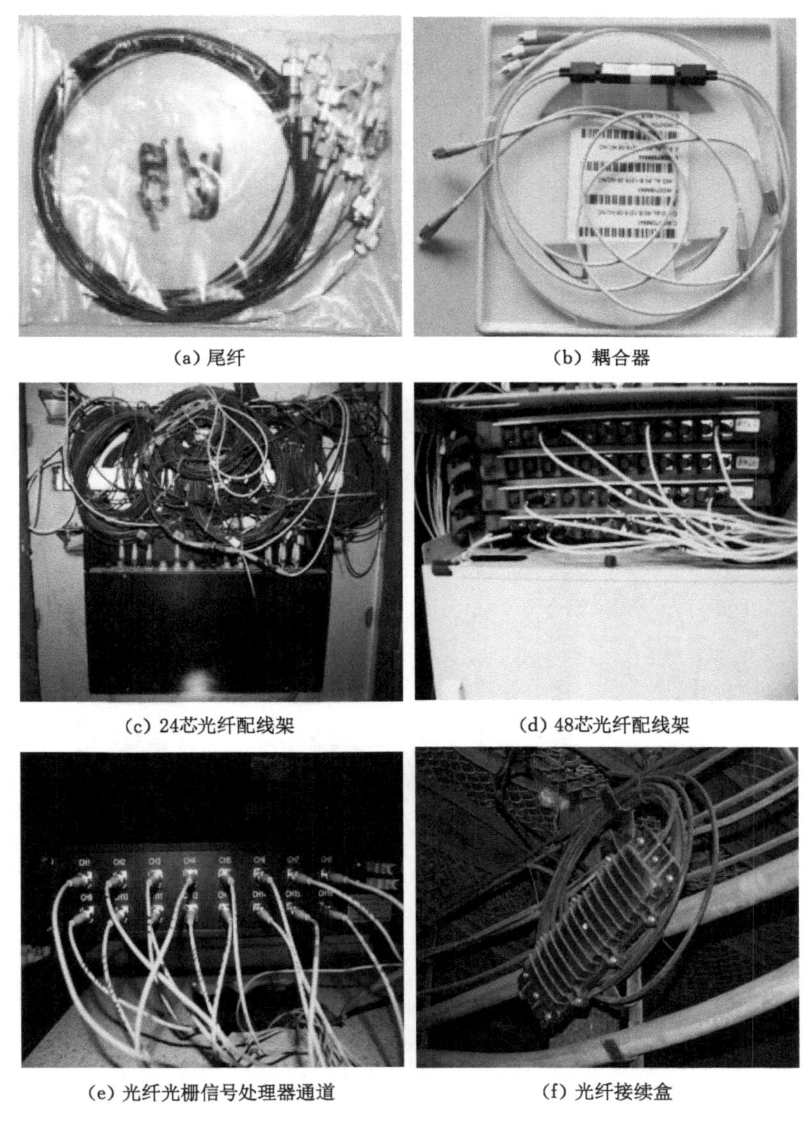

(a) 尾纤　(b) 耦合器

(c) 24芯光纤配线架　(d) 48芯光纤配线架

(e) 光纤光栅信号处理器通道　(f) 光纤接续盒

图 5-32 光路中所使用的部分连接配件

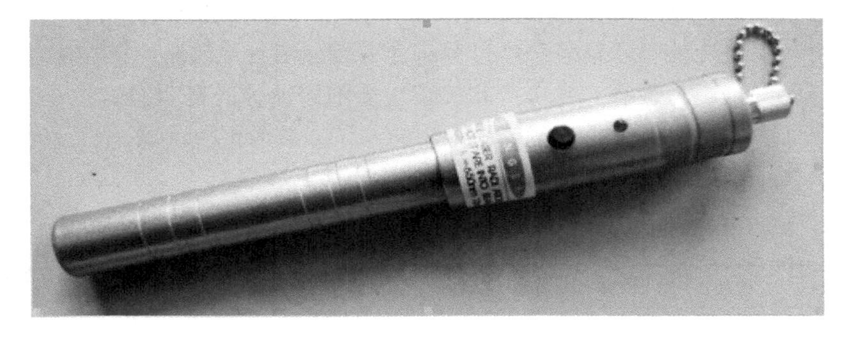

图 5-33 红光源

首先在井底车场连接点将红光源分别输入 24 路上传至地面的光路，在地面 48 芯光纤配线架输出端查看是否出现红光并查看其强度，以确定此段光路的畅通情况和初步的损耗情况，并记录下对应的编号和位置。其次在井底其他连接点将光纤故障检测器分别输入 24 路传向光纤光栅测力锚杆安装迎头的光路，在安装迎头密封防尘盒中 24 芯光纤配线架输入端查看是否出现红光并查看其强度，以确定此段光路的畅通情况和初步的损耗情况，并记录下对应的编号和位置。

#### 5.2.2.3 光路衰减检测与调试

运输顺槽安设传感器时整条光路通过 6 个法兰、6 个熔接点及多种光纤跳线对接，轨道顺槽安设传感器时光路中比运输顺槽多了 2 个法兰，整个光路损耗很大，必须进行光路衰减检测和调试以获得较好的监测信号。下面以运输顺槽为例，简述复杂光路衰减检测与调试方法，使用的主要仪器有光纤光栅温度传感器、10/100M 单模光纤收发器及光源发射装置，其中 10/100M 单模光纤收发器如图 5-34 所示。

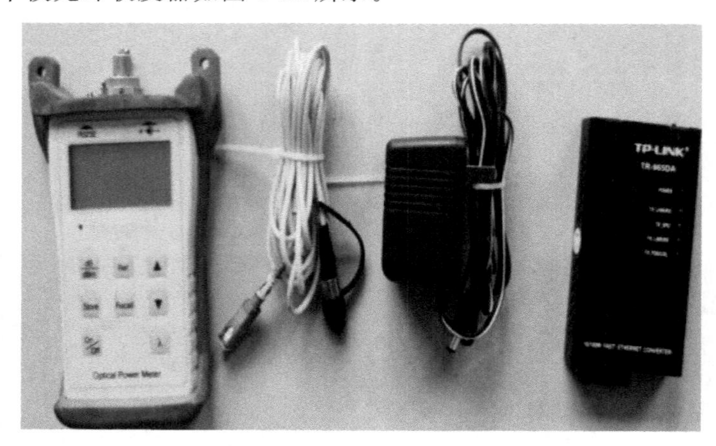


图 5-34　10/100M 单模光纤收发器

(1) 光路初步损耗检测

首先，采用光源发射装置在地面新机房对初步选择的 24 路光输入光源，然后在下一个连接处的光配盒输入端使用光功率计进行接收，检测每条光路的光损耗，调试后拣选较好光路进行跳线连接，再到下一个连接处的光配盒中进行检测，依次检测直到光纤光栅传感器安设配线架。新机房到井底车场的损耗如表 5-1 所示，除 3 条光路不通外，检测出有 10 路光路衰减严重导致系统无法显示信号。经过分析和分段检测发现线路中存在法兰和跳线连接不牢、法兰跳线质量较差、跳线产生弯折和跳线连接不同轴等问题，如通过一个法兰理论损耗为 0.5 dB，而实际损耗达 1.4 dB。初步采用的调试方法为更换跳线、法兰和变换通道，不断进行调试连接，直到出现最好信号。

**表 5-1　井底车场 24 芯配线架检测结果**

| 编号 | 损耗值/dB | 备注 | 编号 | 损耗值/dB | 备注 |
|---|---|---|---|---|---|
| 1 | −16.00 | | 13 | −10.13 | |
| 2 | −14.27 | | 14 | −19.56 | |

**表 5-1(续)**

| 编号 | 损耗值/dB | 备注 | 编号 | 损耗值/dB | 备注 |
|---|---|---|---|---|---|
| 3 | −10.00 | | 15 | −19.56 | |
| 4 | −15.21 | | 16 | | 不通 |
| 5 | −10.34 | | 17 | −20.35 | |
| 6 | −10.16 | | 18 | −9.69 | |
| 7 | −9.69 | | 19 | −10.70 | |
| 8 | −12.00 | | 20 | −10.12 | |
| 9 | −10.00 | | 21 | | 不通 |
| 10 | −13.17 | | 22 | −8.67 | |
| 11 | −16.71 | | 23 | −9.31 | |
| 12 | −11.54 | | 24 | | 不通 |

(2) 光路信号噪声检验

在迎头密封防尘盒中24芯光配盒输入端接入光纤光栅温度传感器,然后通过地面监测系统分别检测24条光路信号噪声情况。检测结果表明,24条光路本底均偏高甚至淹没峰值。经过核对并对关键部位的调试发现,其主要原因是FC/APC-FC/APC光纤跳线连接损耗较大、FC-FC光纤跳线易出现端面反射。最理想的解决办法是将FC/APC-FC/APC光纤跳线连接处重新进行熔接,但由于现场实施困难较大,无法实现。最终在FC/APC-FC/APC光纤跳线连接处涂抹适配液以减少端面反射,效果显著;同时在解调仪端上调试采用"增益"和"去噪"以获得较强的信号,调试过程如下。

信号强度调试过程:

① 传感器传上来的模拟光信号在多次转接及长距离传送后有些已非常微弱,需要调整加强,如图5-35所示。通过增益调整,可以加强信号达到可用的强度,如图5-36所示。

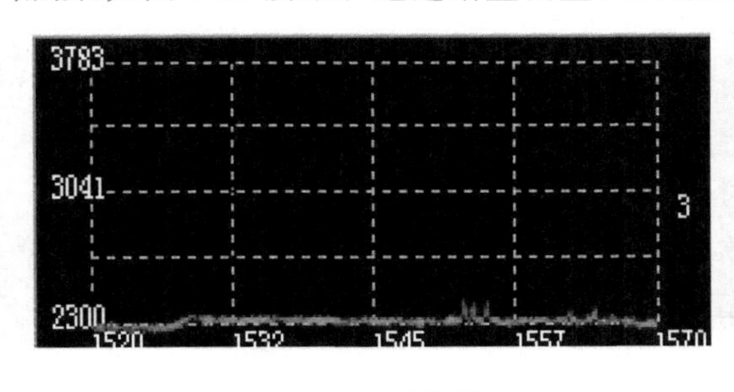


图5-35 弱信号

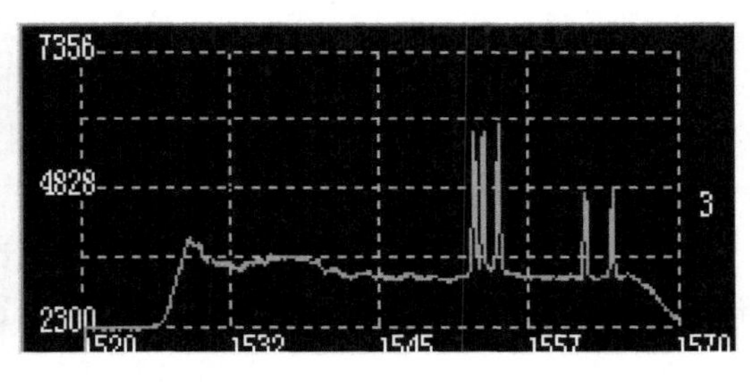


图5-36 增强后的信号

② 由于环境的影响,传感器信号可能与噪声混杂,如图5-37所示。通过去噪可以获得真实信号,如图5-38所示。

经过上述光路检测和调试后,即可挑选出满足使用要求的光路。

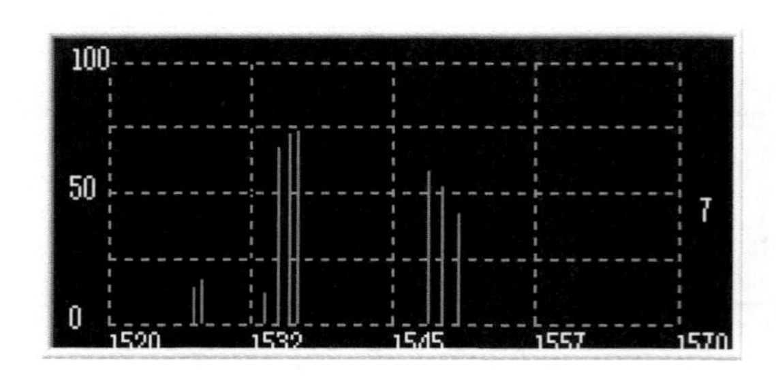


图 5-37　噪声与信号并存

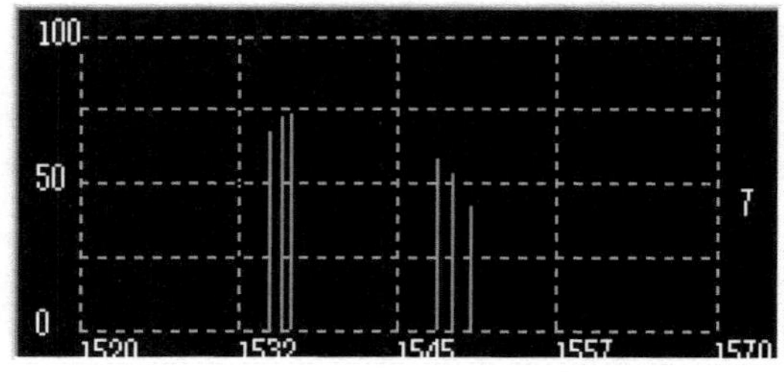


图 5-38　去除噪声后的信号

## 5.2.3　光纤光栅测力锚杆的安装

### 5.2.3.1　运输顺槽光纤光栅测力锚杆的安装

运顺顺槽光纤光栅测力锚杆原本设计布设在距工作面开切眼 100 m 位置，但 2010 年 12 月 15 日 1111(1)工作面运输顺槽掘进中突遇 $F_{29-1}$ 断层，煤层尖灭，地质条件异常复杂，矿方临时决定在此位置开切眼布置工作面，此时传输光缆已铺设完成，只能根据现场实际进行光纤光栅测力锚杆布设。

本次试验在运输顺槽中共安装 4 个断面 15 根光纤光栅测力锚杆和 1 根光纤光栅温度补偿锚杆，具体布置方式如下。

断面 1：在回采帮至非回采帮的 1、3、5 号顶板钢带孔中分别安装 $\phi$22 mm×2 800 mm 的光纤光栅测力锚杆；在非回采帮部从上至下 2 号钢带孔、回采帮从上至下 2 和 3 号钢带孔位置分别安装 $\phi$22 mm×2 000 mm 的光纤光栅测力锚杆。

断面 2：在回采帮至非回采帮的 2、4、6 号顶板钢带孔中分别安装 $\phi$22 mm×2 800 mm 的光纤光栅测力锚杆；在回采帮部从上至下 2、3 号钢带孔中分别安装 $\phi$22 mm×2 000 mm 的光纤光栅测力锚杆。

断面 3：在两排已施工顶板锚杆中间且对应 2、4、6 号钢带孔位置（从回采帮至非回采帮）分别安装 $\phi$22 mm×2 800 mm 的光纤光栅测力锚杆。

断面 4：在两排已施工顶板锚杆中间且对应 3、5 号钢带孔位置（从回采帮至非回采帮）分别安装 $\phi$22 mm×2 800 mm 的光纤光栅测力锚杆。

光纤光栅测力锚杆安装后的效果图如图 5-39 所示。

需要说明本次是光纤光栅测力锚杆第一次在井下现场使用，安装的工艺和注意事项没有把握好，安装过程中共损坏 5 根测力锚杆，造成锚杆内锚固段部分传感器损坏。

### 5.2.3.2　轨道顺槽光纤光栅测力锚杆的安装

轨道顺槽光纤光栅测力锚杆在回采期间布置在超前工作面 265 m 位置，用于监测工作面回采留巷期间超前工作面杆体受力情况。受现场安装条件限制，光纤光栅测力锚杆全部安装在巷道顶板上，共安设光纤光栅测力锚杆 11 根、光纤光栅温度补偿锚杆 1 根。具体布置方式如图 5-40 所示，安装后的光纤光栅测力锚杆如图 5-41 所示。

(a)　　(b)

(c)　　(d)

图 5-39　运输顺槽光纤光栅测力锚杆安装后的实照

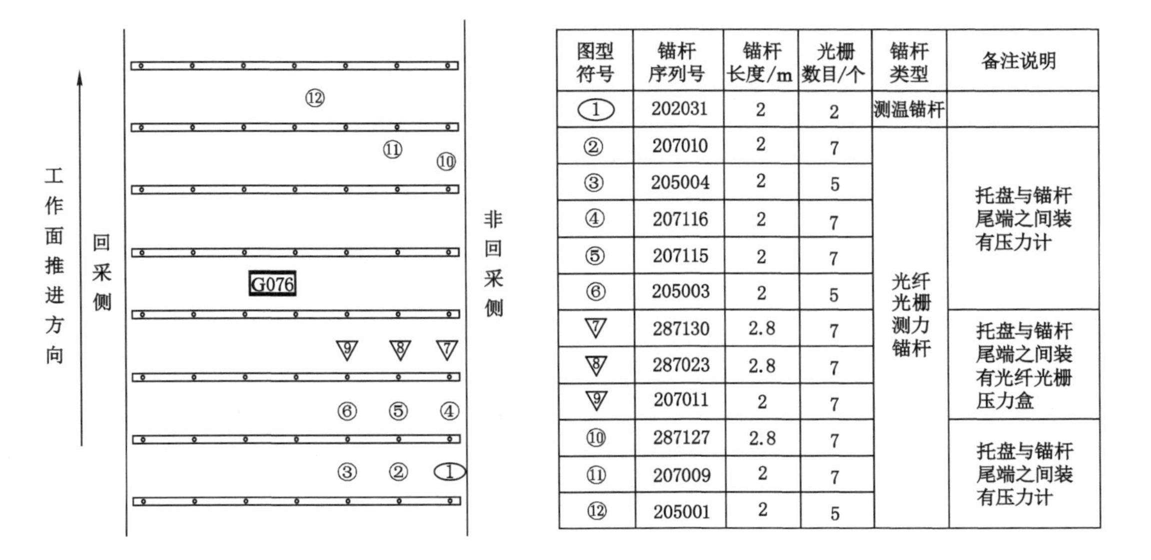


| 图型符号 | 锚杆序列号 | 锚杆长度/m | 光栅数目/个 | 锚杆类型 | 备注说明 |
|---|---|---|---|---|---|
| ① | 202031 | 2 | 2 | 测温锚杆 | |
| ② | 207010 | 2 | 7 | 光纤光栅测力锚杆 | 托盘与锚杆尾端之间装有压力计 |
| ③ | 205004 | 2 | 5 | | |
| ④ | 207116 | 2 | 7 | | |
| ⑤ | 207115 | 2 | 7 | | |
| ⑥ | 205003 | 2 | 5 | | |
| ⑦ | 287130 | 2.8 | 7 | | 托盘与锚杆尾端之间装有光纤光栅压力盒 |
| ⑧ | 287023 | 2.8 | 7 | | |
| ⑨ | 207011 | 2 | 7 | | |
| ⑩ | 287127 | 2.8 | 7 | | 托盘与锚杆尾端之间装有压力计 |
| ⑪ | 207009 | 2 | 7 | | |
| ⑫ | 205001 | 2 | 5 | | |

图 5-40　轨道顺槽光纤光栅测力锚杆布置示意图

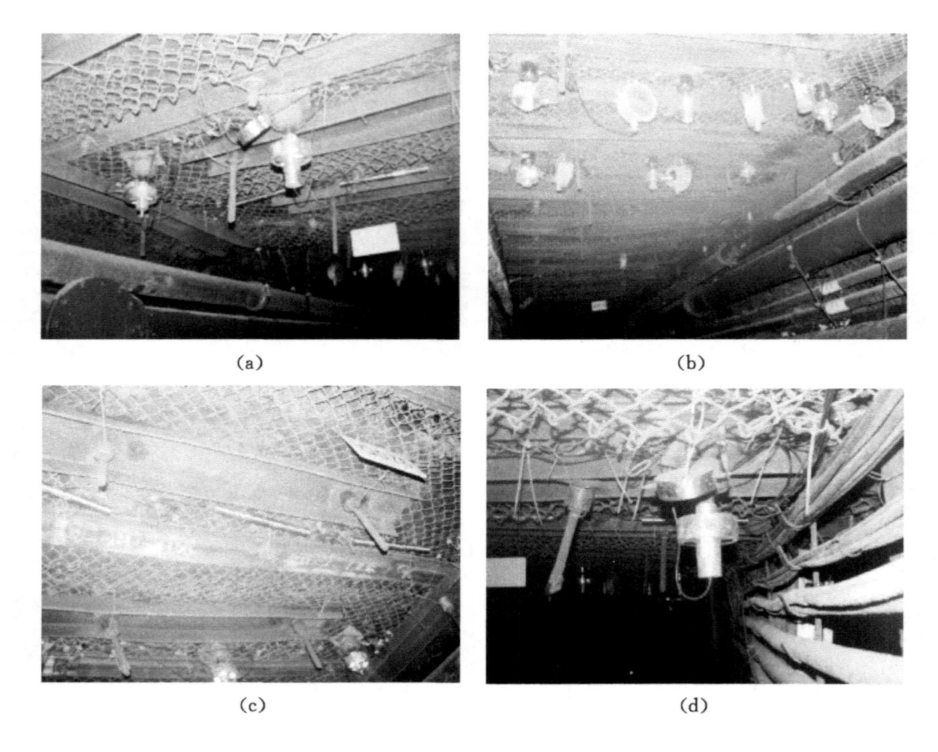

(a) (b) (c) (d)

图 5-41 轨道顺槽光纤光栅测力锚杆安装后的实照

## 5.3 煤矿巷道树脂锚杆杆体应力分布及演化特征

### 5.3.1 运输顺槽

运输顺槽部分光纤光栅测力锚杆杆体应力分布曲线如图 5-42 所示，图中(a)～(g)为 2 800 mm 长安装在顶板的光纤光栅测力锚杆，图中(h)～(j)为 2 000 mm 长安装在帮部的光纤光栅测力锚杆。由图 5-42 可以看出，光纤光栅测力锚杆安装后初期杆体应力呈现非均匀分布且波动变化，即巷道开挖支护初期，锚杆外端点托锚力随着巷道的扩容等变形不断增加，围岩内部活动较为剧烈，锚杆杆体内应力也随之不断调整；顶部杆体监测点最大受力 134.3 kN，帮部杆体监测点最大受力 85.9 kN，其中顶部 287022 号测力锚杆在1 500 mm 位置和帮部 207021 号测力锚杆在 1 000 mm 位置安装约一周后受力出现了负值，锚杆杆体应力分布曲线普遍表现为“上凸下凹”特征，以此推断锚杆工作状态下杆体内存在弯矩，杆体除承载拉应力以外还同时承载较大压应力和剪应力，杆体弯矩的出现除了与巷道围岩活动有关以外，安装钻孔的垂直度、孔壁的光滑度及锚固剂搅拌均匀度等同样对杆体内弯矩的大小有影响；图中显示多数锚杆表现为随锚固深度增加杆体内应力不断增大，主要是由于锚杆采用了端头锚固的锚固方式，其有效锚固长度约为 800 mm，同时安装时钻机施加在内锚固段的扭矩较小、锚固剂最先固化，此位置杆体所受的安装附加扭矩较大；根据光纤光栅测力锚杆安装后初期杆体受力分布曲线，锚杆杆体初期受力可大致分为三类：增长型、降低型和波浪型。

## 5.3.2 轨道顺槽

轨道顺槽光纤光栅测力锚杆杆体应力分布曲线如图 5-43 所示。由图 5-43 可以看出，光纤光栅测力锚杆安装后初期杆体应力同样呈现非均匀分布且波动变化，杆体内多数监测点应力随着时间延长即工作面的不断靠近而不断增加；2011 年 12 月 15 日工作面距离监测点约 102.2 m，工作面超前支承压力影响范围开始波及监测点巷道围岩，巷道内应力升高，

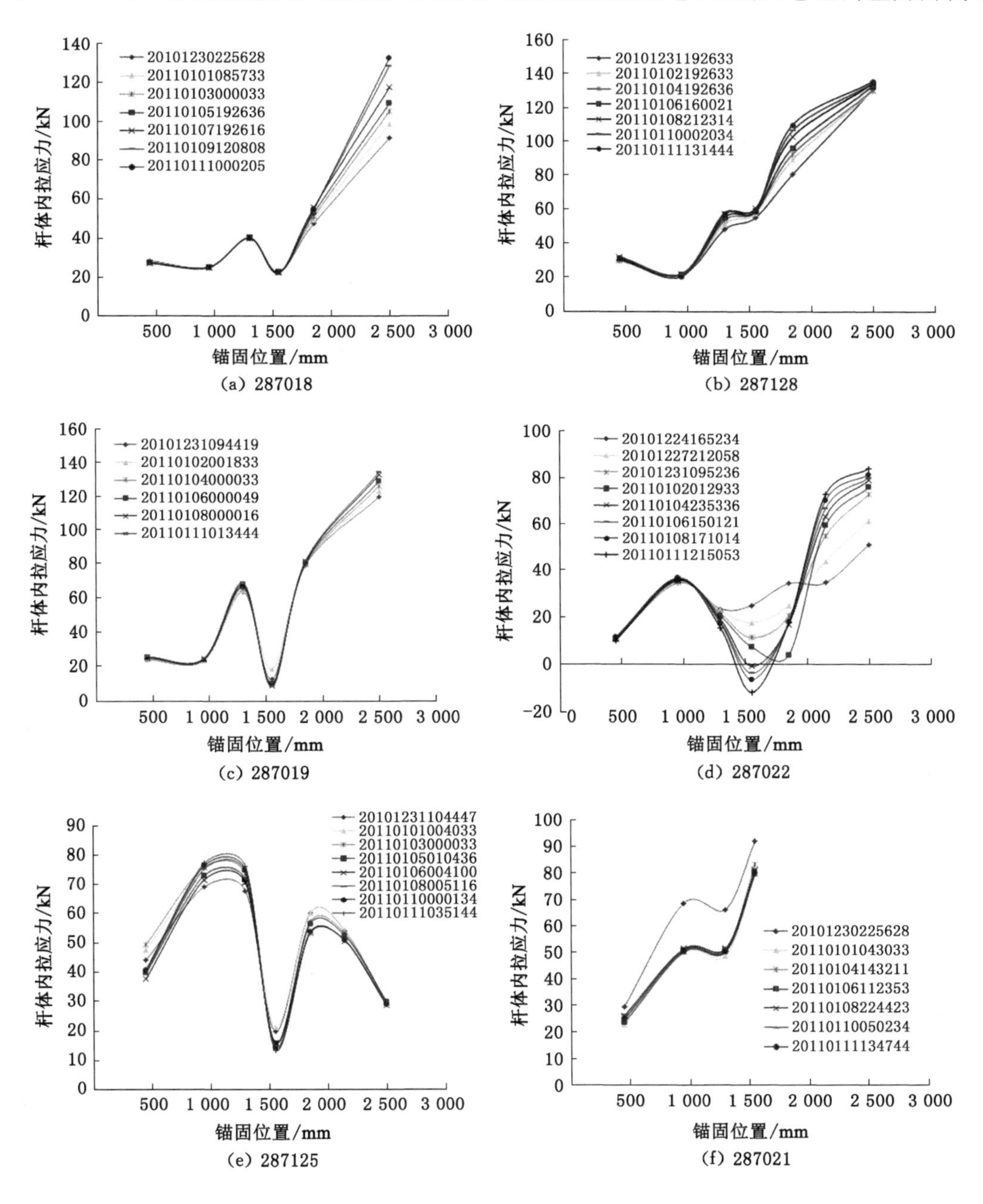


(a) 287018 (b) 287128

(c) 287019 (d) 287022

(e) 287125 (f) 287021

图 5-42 运输顺槽光纤光栅测力锚杆杆体应力分布曲线

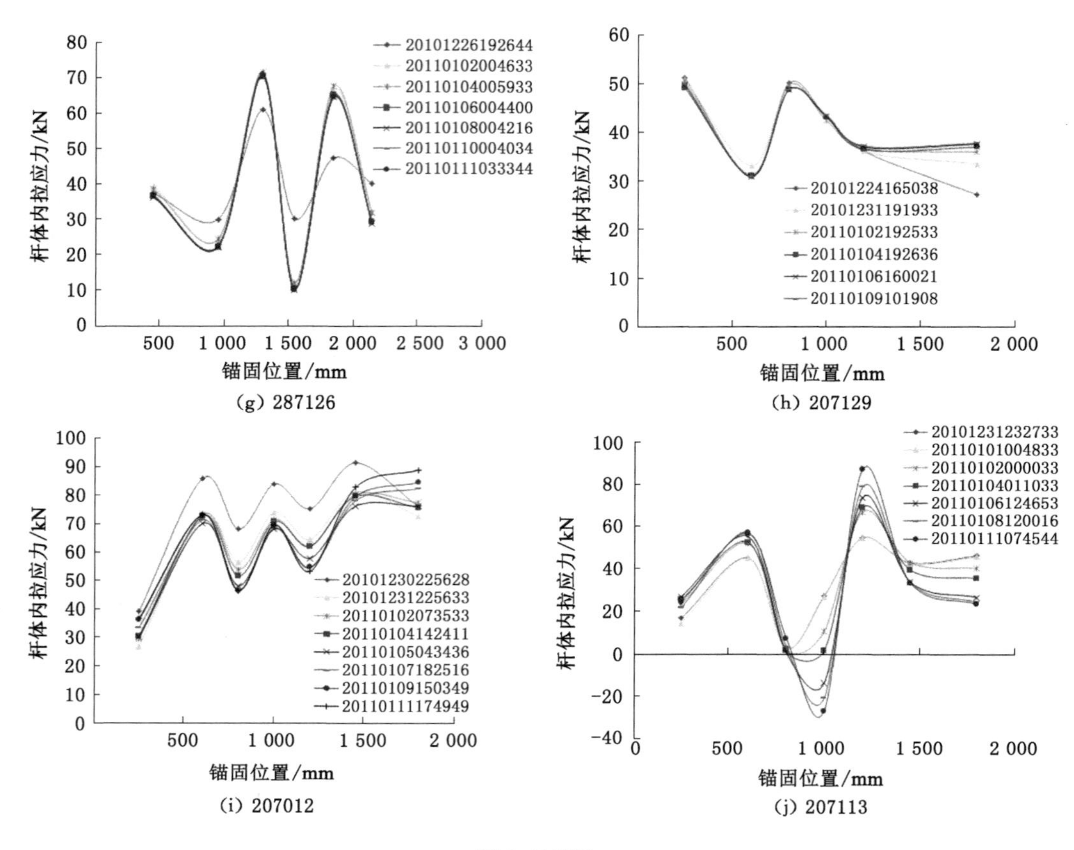

(g) 287126　(h) 207129　(i) 207012　(j) 207113

图 5-42(续)

表现为监测到的锚杆杆体应力开始出现较急剧变化;207115 号测力锚杆在 1 500 mm 位置于 2011 年 12 月 23 日出现了受力负值,部分锚杆杆体应力分布曲线同样呈现“上凸下凹”特征,初步推断杆体在此位置发生了向光栅粘贴方向上的弯曲,即锚杆杆体内存在弯矩,当杆体内弯矩增大到一定程度时,将影响锚杆杆体内拉应力的传递,削弱杆体与围岩的相互作用,降低锚杆强化巷道围岩、限制巷道变形的支护作用,同时会造成锚杆部分杆体段应力集

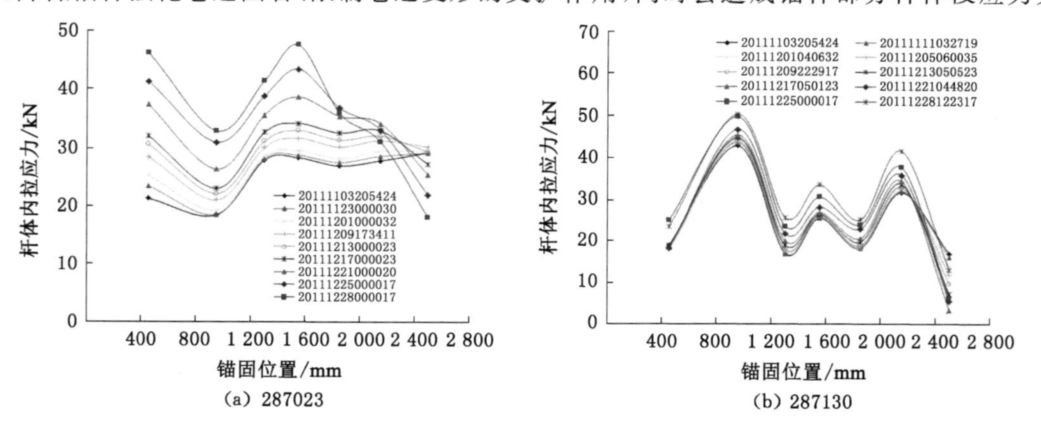

(a) 287023　(b) 287130

图 5-43　轨道顺槽光纤光栅测力锚杆杆体应力分布曲线

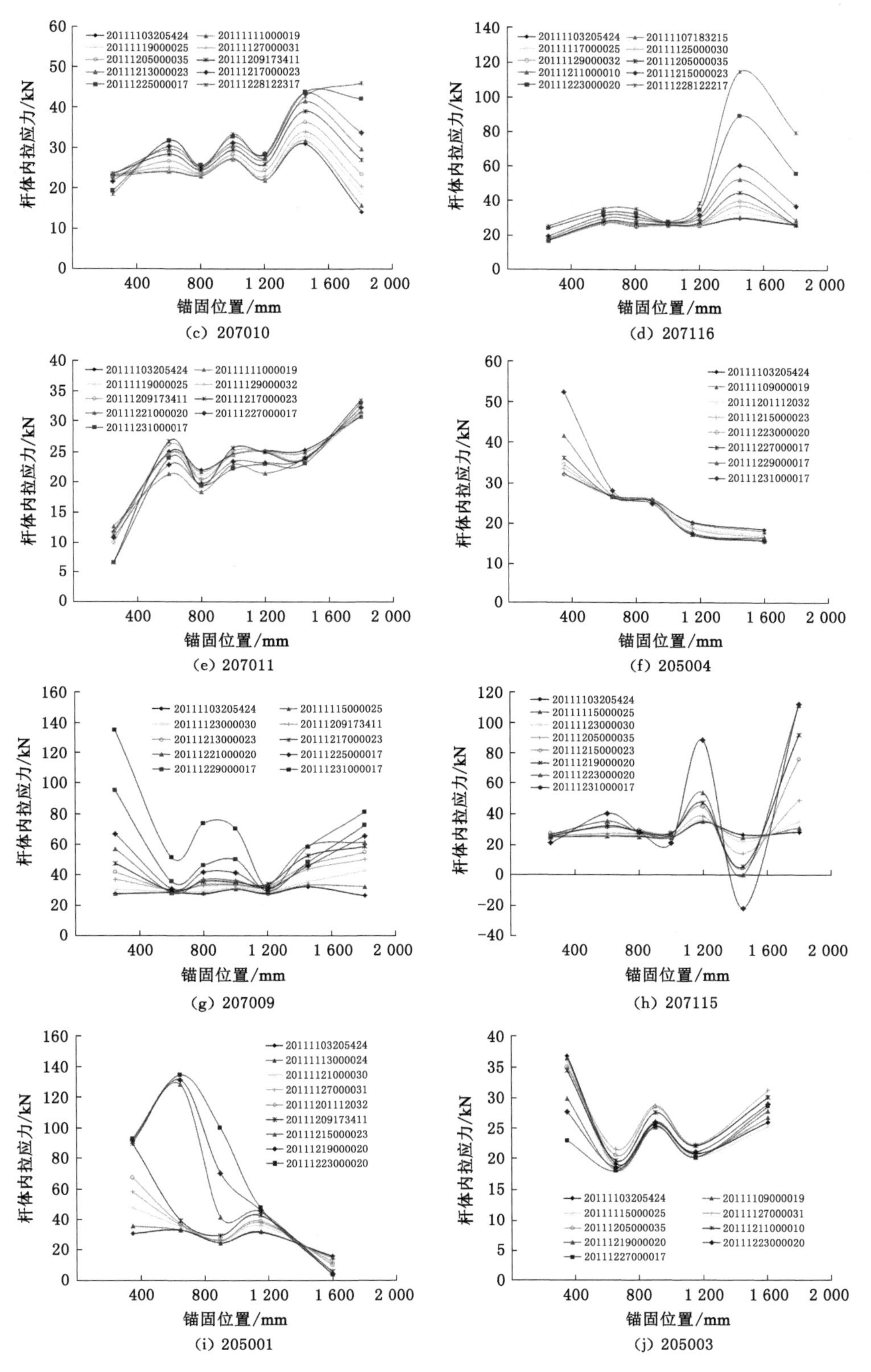


(c) 207010

(d) 207116

(e) 207011

(f) 205004

(g) 207009

(h) 207115

(i) 205001

(j) 205003

图 5-43(续)

中、承载过大，如图中(g)、(h)所示，从而增加杆体引发黏结失效、破断失效的可能性；根据光纤光栅测力锚杆安装后初期杆体受力的分布曲线，锚杆杆体初期受力同样可大致分为三种类型，即增长型、降低型和波浪型。

这里需要进一步指出，由于光纤光栅测力锚杆采用对称开槽传感器非均匀不对称的布置方式，测得的数据为锚杆杆体单侧表面的受力，但监测数据的分析结果同样可以揭示树脂锚杆在实际工作状态下其杆体受力是复杂多变的，杆体截面多数处于非均匀受力状态，同时杆体内存在明显弯矩。

# 6 工程实践

本章以淮南矿区顾桥煤矿 1115(1)工作面轨道顺槽及朱集煤矿 1111(1)工作面轨道顺槽为工程对象，依据煤矿巷道树脂锚固体力学行为及杆体承载特性研究成果，开展煤矿巷道锚杆支护技术及煤矿巷道围岩动态实时在线监测系统的工程实践研究。

## 6.1 确保锚杆支护效果的几个原则

理论研究结果表明，锚杆直径、锚固层厚度、杆体锚固长度、杆体的弹性模量、围岩的弹性模量、预拉力等均对锚固体的力学行为及杆体应力承载特性具有较大影响。为有效控制巷道围岩变形，充分发挥锚杆在巷道长期安全使用过程中的锚固强化作用，在考虑现场锚杆施工机具、安装过程及生产成本的情况下，巷道围岩锚杆支护中需要遵循以下几个基本原则。

① 巷道布置位置选择要合理。岩体的强度相对越高，锚杆杆体内应力分布及承载能力越好，因此巷道一般需要选择布置在强度较高、完整性较好的岩层中；对于松散破碎围岩体，巷道开挖后，巷道四周围岩内会产生较大范围的破碎带，破裂带内裂隙极其发育，方向各异的众多裂隙结构面会产生明显开裂、滑移等，从而导致树脂锚固剂与围岩黏结程度较低，锚杆锚固范围内锚固空洞出现的可能性加大，同时杆体的承载特性将大大降低，无法有效控制巷道围岩变形。因此松散破碎围岩体采用锚杆支护的同时，必须对围岩体进行注浆加固，密闭围岩裂隙以提高岩体强度和刚度，为锚杆支护提供较好的基础，提高支护结构的整体性、承载能力和稳定性，并强化已有的支护结构，以确保锚杆的锚固效果及杆体的承载特性。

② 最大限度消除锚杆工作状态下的弯矩。实测及试验结果表明，锚杆工作状态下杆体内存在弯矩，杆体除承载拉应力以外还同时承载较大压应力和剪应力；当杆体内弯矩增加到一定程度时，将影响锚杆杆体内拉应力的传递，削弱杆体与围岩的相互作用，降低锚杆强化巷道围岩、限制巷道变形的支护作用，同时会造成锚杆部分杆体段应力集中、承载过大，增加杆体引发黏结失效、破断失效的可能性；杆体弯矩的出现除了与巷道围岩活动有关以外，安装钻孔的垂直度、钻孔孔壁的光滑度及锚固剂搅拌均匀度等同样对杆体内弯矩的大小有影响。因此，锚杆施工中必须保证锚杆安装钻孔与岩体表面的垂直度，锚固剂要均匀充分搅拌，钻孔要反复冲刷不留煤岩粉，以减小杆体内弯矩，实现锚杆杆体内应力的合理传递，避免弯矩引起的锚杆部分杆体段应力集中而诱发黏结失效、杆体断裂失效。

③ 确保外锚固段中性点附近杆体与围岩的黏结效果。实验室试验和现场拉拔试验同时表明，树脂锚杆实际工作状态下杆体的承载受力主要集中在外锚固段中性点附近，锚杆杆体内最大拉应力出现在中性点位置，树脂锚杆杆体的主要承载区域集中在中性点附近。因此选择合理锚固长度的同时，可以通过调整锚杆安装钻孔-树脂锚固剂-杆体三者之间的匹

配关系，确保中性点附近杆体-锚固层-围岩三者之间的合理匹配关系，使杆体处于最佳的承载状态，以保证树脂锚杆锚固体长时有效稳定。

④ 强化锚杆杆体及配件的整体强度。研究表明，锚杆直径越大锚固体中锚杆所能承受的拉拔力越大，对应的锚杆的支护效果也就越好；受锚杆施工机具、安装过程及生产成本等限制，不可能无限制增大杆体直径，只有依靠升级锚杆等级来提高杆体强度。因此支护参数选取中优先选择高强或超高强锚杆，同时提高钢带、托盘和护网等配件的刚度和强度，增大支护系统对围岩的护表面积，确保在巷道围岩后期的变形过程中充分发挥杆体的承载特性，并保证锚杆载荷向围岩的传递和增荷速度，避免配件失效诱发锚杆支护失效。

⑤ 施加较高的预拉力。锚杆预拉力的大小显著影响着杆体内应力的分布及其承载特性，对巷道围岩稳定性具有决定性的作用。因此安装初期必须对锚杆施加较高的预拉力以强化其承载特性，使锚杆支护特性曲线具有及时早强速增阻的特性，如图 6-1 所示。高预拉力锚杆可以有效削弱巷道开挖后围岩初期的松散变形，消除巷道围岩的高应力差，恢复其三维受力状态，保证岩体的完整性并优化围岩的力学参数，同时转移顶板的垂直压力到巷道两侧深部岩体中，充分调动围岩自身承载能力在锚固区范围内形成初期较强的承载结构，对围岩提供及时有效的约束力。预拉力要求不低于 100 kN，可采用最大扭矩 1 200 N·m 的 MQS90J2 型气动锚杆安装机来施加，如图 6-2 所示。

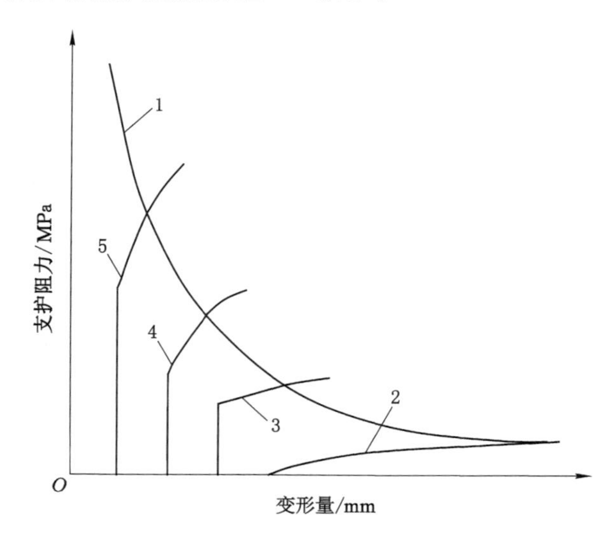


1—典型的支护阻力与围岩变形关系曲线；2—传统支护特性曲线；
3—高强锚杆支护特性曲线；4—高性能锚杆支护特性曲线；5—高系统刚度的锚杆支护特性曲线。

图 6-1 支护阻力与围岩变形关系

在确保以上支护原则的同时，采用预拉力高强锚杆支护一般遵循以下控制思路：首先在巷道开挖初期，通过预拉力高强锚杆和高刚度配件对巷道围岩提供及时有效的约束力，削弱巷道开挖后围岩初期的松散变形并优化围岩的力学参数，充分调动围岩自身承载能力，形成初期承载结构；然后采用高强预拉力锚索梁或高强预拉力单体锚索进一步强化顶板，增大护表面积，改变围岩的应力状态，增加围岩承载能力，改善锚杆支护结构，使浅部锚固区形成的承载结构与深部稳定岩层相互作用形成整体，进一步提高围岩的承载能力，控制围岩塑性区

图 6-2 MQS90J2 型气动锚杆安装机

扩散,并降低两帮应力集中程度,以利于巷道围岩的长期稳定;最后通过帮部桁架对帮部围岩提供侧向压应力,提高控制帮部围岩变形的能力,并进一步改善围岩的应力场、减小和限制巷道的破坏和变形,以充分利用预拉力锚梁网支护与围岩相互作用形成的高强承载结构,达到有效控制巷道围岩变形的目的。对于松散破碎围岩体,必须采用注浆加固技术对围岩体进行注浆加固,密闭围岩裂隙以提高岩体强度和刚度,提高支护结构的整体性、承载能力和稳定性,并强化已有的支护结构。

## 6.2 工程实践一:顾桥煤矿 1115(1)工作面轨道顺槽大断面巷道围岩控制

### 6.2.1 工程概况

顾桥煤矿 1115(1)工作面标高－622～－773.0 m,地面标高＋23.1～＋24.03 m,平均走向长 2 709.9 m,工作面长度 229.4 m,主采 11-2 煤厚度 2.5～3.61 m,平均厚度2.94 m,平均倾角 5°,煤层赋存稳定但结构复杂,含夹矸 2～3 层。11-2 煤直接顶为复合顶板,由砂质泥岩、泥岩和 11-3 煤层组成,工作面综合柱状图如图 6-3 所示。工作面正常涌水量 3～5 $m^3/h$,瓦斯含量 5 $m^3/t$,煤尘具爆炸危险性,煤自然发火期 3～6 个月,原始岩温 40 ℃左右,地压较大;工作面内共有断层 8 条,其中对巷道掘进有影响的断层有 5 条。

### 6.2.2 巷道支护参数

1115(1)工作面轨道顺槽采用锚带网索联合支护,断面设计尺寸为宽×高＝5.0 m×3.4 m,矩形断面,巷道层位图如图 6-4 所示。

巷道顶板采用 7 根左旋螺纹钢高强预拉力锚杆加 4.8 m 长 M5 型钢带、10# 铁丝网联合支护,锚杆规格为 $\phi$20 mm-M22 mm-2 500 mm,每根锚杆配套 $\phi$27 mm 钻孔、两节 Z2380 型中速树脂药卷加长锚固;巷道两帮采用 5 根全螺纹锚杆加 3.0 m 长 M5 型钢带、10# 铁丝网联合支护,锚杆规格为 $\phi$20 mm-M22 mm-2 500 mm,每根锚杆采用两节 Z2380 型中速树脂药卷加长锚固;每隔两排锚杆中间垂直岩面布置 3 套单体锚索,托盘采用 400 mm×400 mm 的大托盘,同时每隔两排锚杆布置一套高预拉力锚索梁,铺设 2.2 m 轻型槽钢,钢绞线规格为 $\phi$17.8 mm×6 300 mm,每孔采用三节 Z2380 中速树脂药卷加长锚固;锚杆预紧

| 厚度/m | 综合柱状 | 岩石名称 | 岩性描述 |
| --- | --- | --- | --- |
| 18.52 | | 砂岩 | 灰白色至乳白色，厚层状，细中粒结构，钙质胶结，层面含暗色矿物，具平行层理和交错层理 |
| 1.70 | | 泥岩 | 灰色至深灰色，滑面发育，具滑感，夹薄煤层 |
| 0.45 | | 煤线 | 黑色，粉末状 |
| 1.82 | | 碳质泥岩 | 黑色，染手，较破碎 |
| 2.94 | | 11-2煤 | 黑色，粉末状 |
| 1.03 | | 砂岩 | 灰白色至乳白色，层状，钙质 |
| 1.50 | | 泥岩 | 灰色至深灰色，泥质胶结 |
| 5.50 | | 砂岩 | 灰白色至乳白色，厚层状，细中粒结构，钙质胶结 |
| 1.80 | | 泥岩 | 灰色至深灰色，泥质胶结 |

图 6-3　工作面综合柱状图

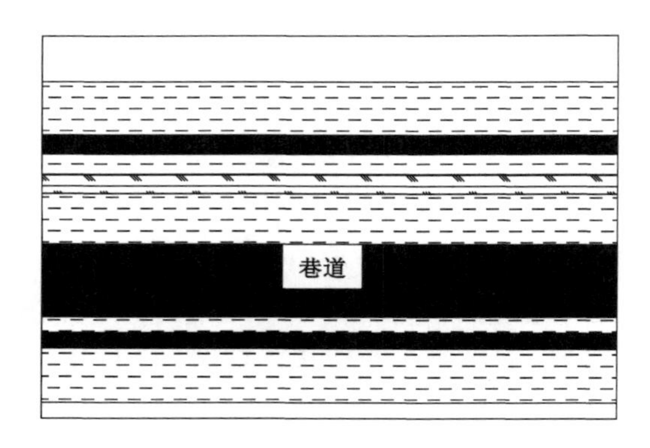


图 6-4　轨道顺槽层位示意图

力不低于 80 kN，锚固力不低于 120 kN；锚索预紧力不低于 100 kN，锚固力不低于 200 kN，锚索梁紧跟迎头施工；同时锚杆、锚索必须垂直于岩面施工。

具体支护参数如图 6-5 所示。

### 6.2.3　掘进期间支护效果分析

#### 6.2.3.1　表面位移观测

1115(1)工作面轨道顺槽顶板下沉量及两帮移近量与时间的关系曲线如图 6-6(a)所示，从图中可知，巷道掘出后约 20 d 内围岩变形较为剧烈，约 125 d 后顶板最大下沉量为 121 mm，两帮最大移近量为 174 mm。巷道围岩变形速度与时间的关系曲线如图 6-6(b)所

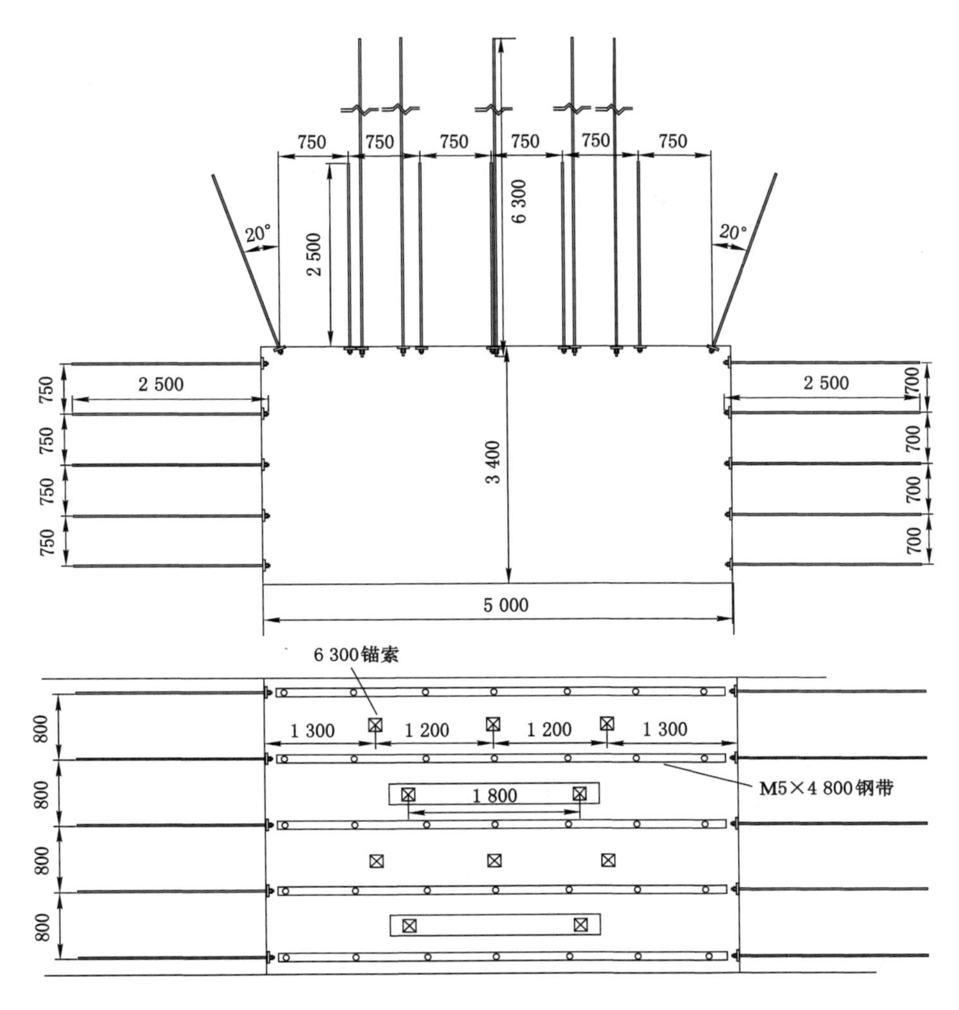


图 6-5 1115(1)工作面轨道顺槽锚杆(索)支护参数示意图

示,从图中可知,两帮移近速度最大值为 33 mm/d,顶板下沉速度最大值为 25 mm/d,同样巷道掘进 20 d 后围岩变形速度趋于稳定。

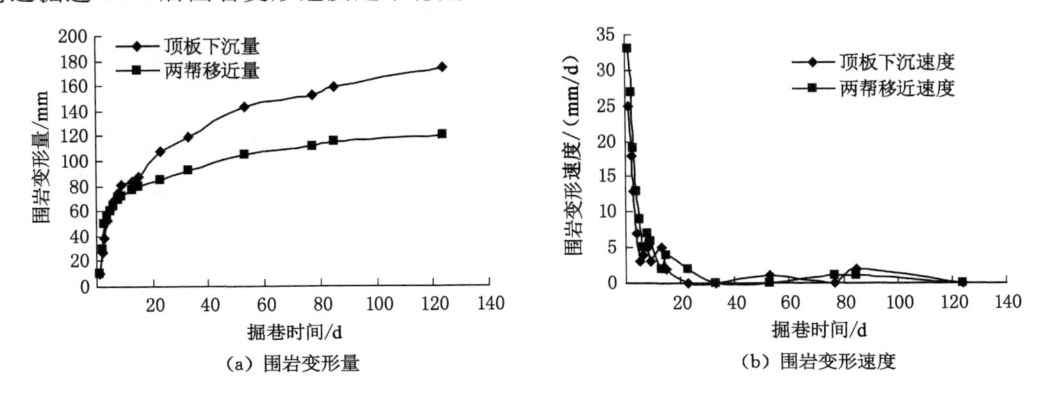


图 6-6 轨道顺槽围岩变形曲线

6.2.3.2　顶板离层观测

1115(1)工作面轨道顺槽顶板离层曲线如图 6-7 所示。由图 6-7 可知，巷道顶板离层量较小，浅基点最大离层量为 15 mm，深基点最大离层量为 40 mm，锚杆锚固范围内岩层表现为整体下沉，巷道掘进后前 10 d 内顶板离层量增加最快，经历 1 个月左右顶板趋于稳定。

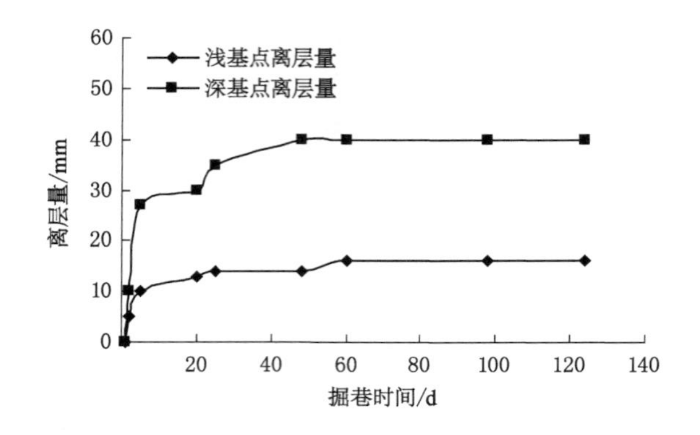


图 6-7　轨道顺槽顶板离层曲线

## 6.2.4　小结

根据以上矿压观测结果分析可知，该支护参数设计合理，支护方案较好地控制了围岩变形，实现了轨道顺槽围岩的长期安全稳定。预拉力高强锚杆强化支护技术在深井大断面煤层巷道中成功应用表明，采用 2.5 m 的高强预拉力锚杆和 6.3 m 高预拉力锚索梁加强支护，同时通过升级锚杆支护配件可以充分调动围岩的自稳能力，使巷道围岩形成稳定的承载梁结构，有效控制巷道开挖后的围岩。

掘进期间巷道整体支护控制效果如图 6-8 所示。

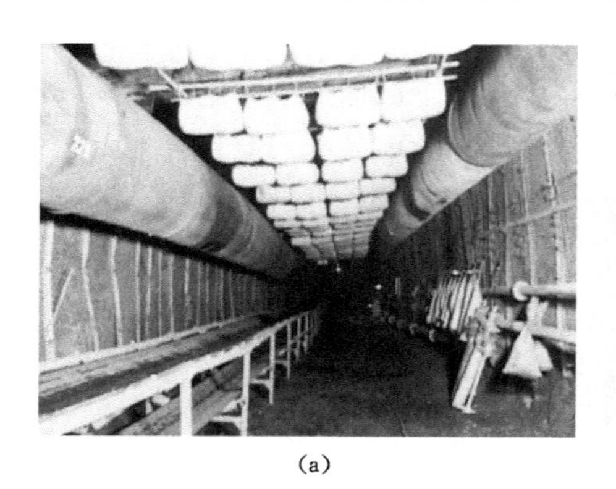

(a)

(b)

图 6-8　巷道支护控制效果

## 6.3 工程实践二:朱集煤矿1111(1)工作面轨道顺槽深部巷道围岩控制

### 6.3.1 工程概况

1111(1)工作面平均开采深度910 m,主采11-2煤层厚度1.8～2.4 m,平均厚度0.26 m,煤层倾角2°～3°。11-2煤呈黑色,以块状为主,少量为颗粒状、粉末状,以亮煤为主,含暗煤和镜煤条带,属半暗-半亮煤,无夹矸,煤层结构简单。煤层直接顶为泥岩,深灰色、致密,含大量植物茎叶化石,泥质结构,块状,厚度0.79～34.80 m,平均9.87 m;基本顶为细砂岩,深灰色粉粒结构,含泥质,见较多植物化石碎片,具缓波状层理,厚层状,厚度0.78～6.55 m,平均3.67 m;直接底为泥岩、砂质泥岩及11-1煤,厚度1.3～16.4 m,平均10.5 m;老底为平均厚度1.5 m的砂岩。工作面内瓦斯含量1.60～7.25 $m^3$/t,$\Delta P=6$～10 mmHg;突出综合指标$k=9.52$～17.86;涌(突)水量0～74.0 $m^3$/h,一般0～4.5 $m^3$/h;本区地温梯度2.4～3.3 ℃/hm,掘进区段岩石温度37.7～46.5 ℃。

工作面地质剖面图如图5-30所示。

### 6.3.2 巷道支护参数

1111(1)工作面轨道顺槽采用锚带网索联合支护,断面设计尺寸为宽×高=5.0 m×3.0 m,矩形断面,紧跟11-2煤层顶板掘进。

巷道顶板采用7根Ⅳ级左旋专用螺纹钢超高强预拉力锚杆加4.8 m长M5型钢带、8#铁丝网联合支护,锚杆规格为$\phi$22 mm-M24 mm-2 800 mm,每根锚杆配套$\phi$27 mm钻孔、两节Z2360型中速树脂药卷加长锚固;巷道两帮采用4根全螺纹锚杆加2.4 m长M4型钢带、8#铁丝网联合支护,锚杆规格为$\phi$20 mm-M22 mm-2 000 mm,每根锚杆采用两节Z2360型中速树脂药卷加长锚固;顶板锚索梁为"5-4-5"形式布置,钢绞线规格为$\phi$21.8 mm×6 300 mm,3.4 m长20#槽钢孔中心距1.0 m,每孔采用四节Z2360中速树脂药卷加长锚固,以保证锚固效果,锚索外露长度不大于200 mm;锚杆预紧力不低于80 kN,锚固力不低于120 kN;锚索预紧力不低于100 kN,锚固力不低于200 kN,锚索梁紧跟迎头施工;同时锚杆、锚索必须垂直于岩面施工。

具体支护参数如图6-9所示。

### 6.3.3 掘进期间支护效果分析

1111(1)工作面轨道顺槽表面变形曲线如图6-10所示,从图中可知,巷道掘出262 d后,两帮变形量为201 mm,8 d变形速度达到最大,为6 mm/d,两帮变形量在10 d后趋于稳定,由于轨道顺槽底抽巷的影响,右帮变形量(115 mm)略大于左帮变形量(88 mm)。顶板下沉量为202 mm,顶板最大下沉速度达34 mm/d。底鼓量最大为260 mm,底鼓速度在掘巷后8 d和23 d出现峰值,随后趋于稳定。至观测结束顶底板共移近459 mm。

1111(1)工作面轨道顺槽顶板离层变化曲线如图6-11所示。由图6-11可知,巷道掘出58 d后顶板累计离层量94 mm,浅部基点的离层量7 mm,离层主要发生在岩层深部2～

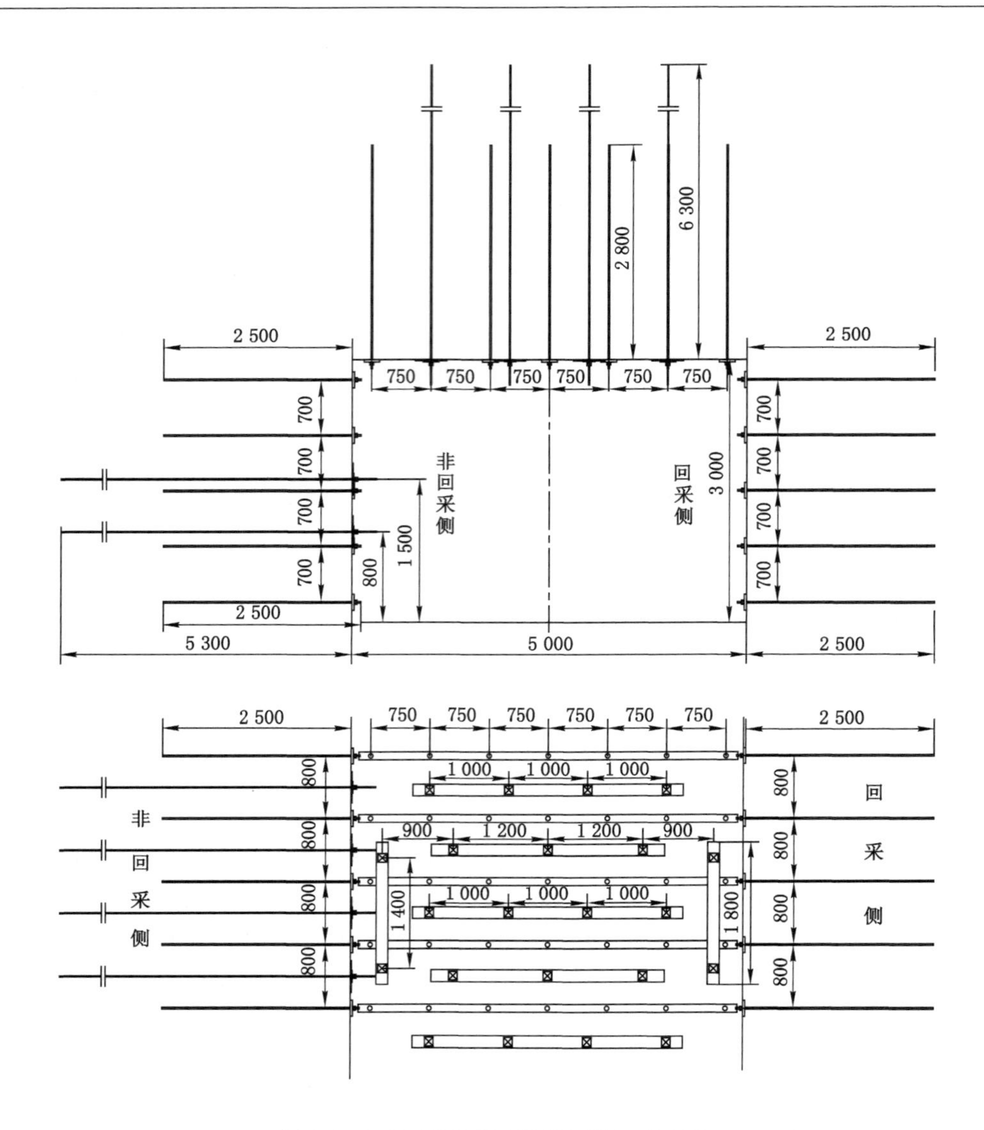


图 6-9　1111(1)工作面轨道顺槽支护参数

5.5 m 处，占总离层量的 90%；浅部基点离层速度从掘巷后 6 d 起始终为 0.1 mm/d，深部基点离层速度在掘巷后 10 d 左右明显放缓，趋于稳定，最终离层速度降到 1 mm/d 以下。

### 6.3.4　小结

由以上分析可知，采用预拉力高强锚杆强化支护技术在巷道变形过程中能持续提供较高的支护强度，使围岩受力恢复到三维状态，充分调动围岩自身承载能力，使外部主动支护与围岩自身稳定相互结合，从而达到深井高地压煤巷围岩控制的效果。

1111(1)工作面轨道顺槽支护效果图如图 6-12 所示。

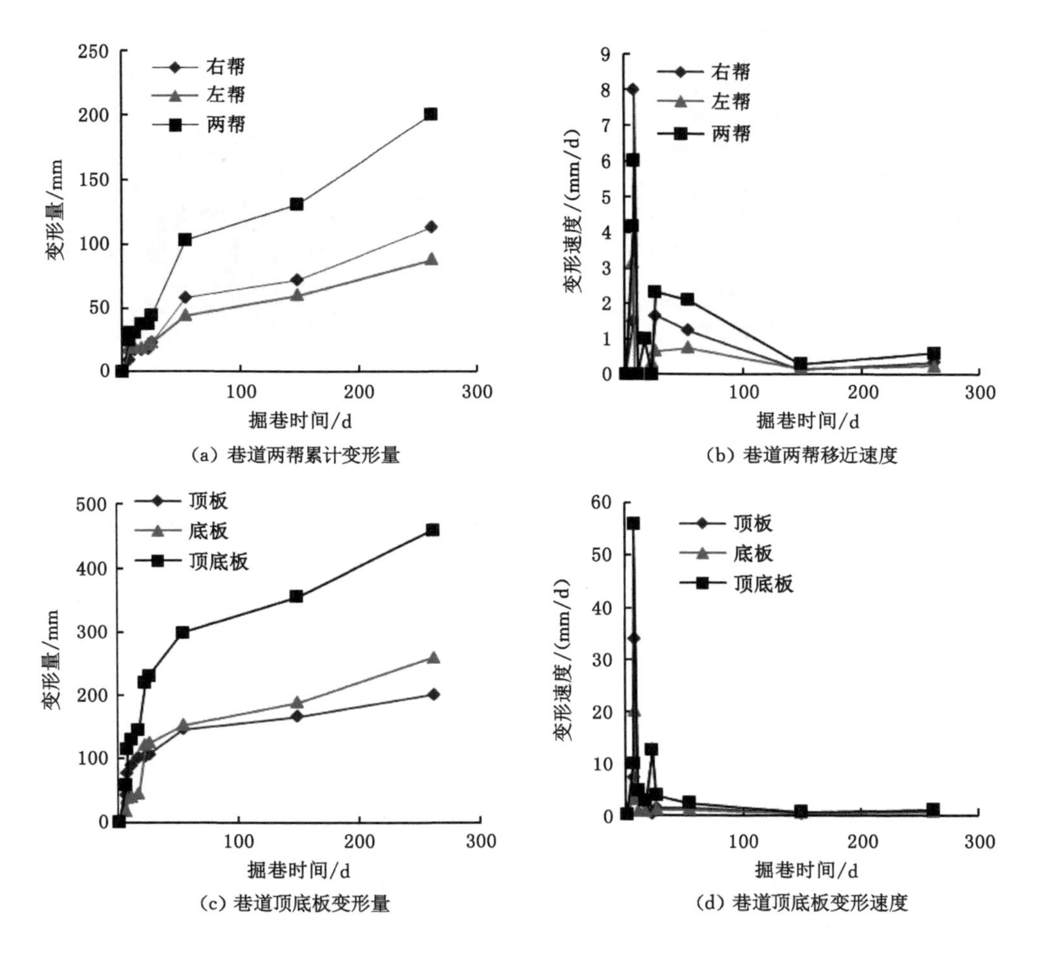

(a) 巷道两帮累计变形量　(b) 巷道两帮移近速度
(c) 巷道顶底板变形量　(d) 巷道顶底板变形速度

图 6-10　1111(1)工作面轨道顺槽表面变形

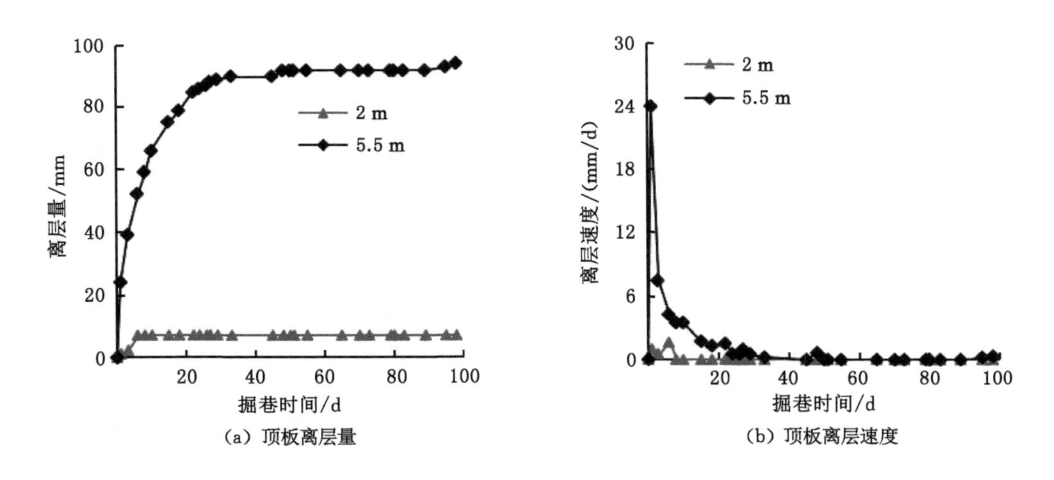

(a) 顶板离层量　(b) 顶板离层速度

图 6-11　1111(1)工作面轨道顺槽顶板离层变化曲线

(a)

(b)

图 6-12　1111(1)工作面轨道顺槽支护效果

## 6.4　工程实践三:朱集煤矿 1111(1)工作面轨道顺槽留巷期间矿压实时在线监测

### 6.4.1　留巷期间矿压监测方案

在工作面回采期间,采用煤矿巷道围岩动态实时监测系统对 1111(1)工作面轨道顺槽留巷期间矿压活动进行实时在线监测,以揭示轨道顺槽留巷期间的矿压活动规律,监测内容主要包括顶板离层、锚杆托锚力、杆体内应力分布、顶板内温度。

根据现场条件及监测内容,光纤光栅传感器布置在轨道顺槽超前工作面 265 m 位置,在巷道顶板共安设光纤光栅测力锚杆 11 根、光纤光栅温度补偿锚杆 1 根、光纤光栅锚杆(锚索)压力计 3 个、光纤光栅顶板离层仪 3 个、电子式锚杆压力计 5 个,受现场安装条件限制,光纤光栅传感器全部安装在巷道顶板上。具体布置方式等如图 6-13 所示。

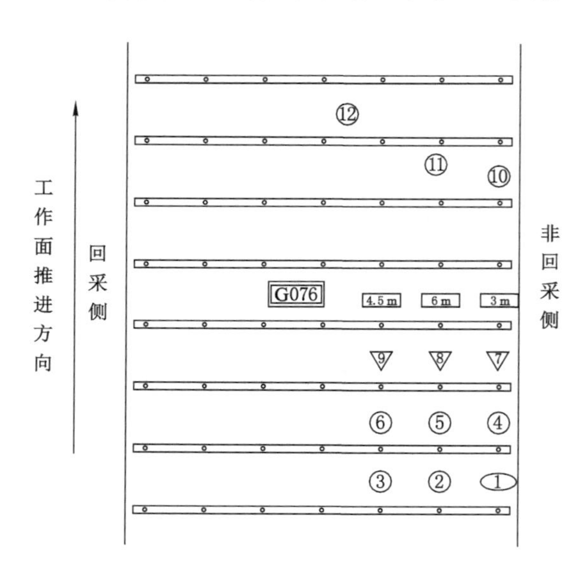


| 图型符号 | 锚杆序列号 | 锚杆长度/m | 光栅数目/个 | 锚杆类型 | 备注说明 |
|---|---|---|---|---|---|
| ① | 202031 | 2 | 2 | 测温锚杆 | |
| ② | 207010 | 2 | 7 | 光纤光栅测力锚杆 | 托盘与锚杆尾端之间装有压力计 |
| ③ | 205004 | 2 | 5 | | |
| ④ | 207116 | 2 | 7 | | |
| ⑤ | 207115 | 2 | 7 | | |
| ⑥ | 205003 | 2 | 5 | | |
| ⑦ | 287130 | 2.8 | 7 | | 托盘与锚杆尾端之间装有光纤光栅压力盒 |
| ⑧ | 287023 | 2.8 | 7 | | |
| ⑨ | 207011 | 2 | 7 | | |
| ⑩ | 287127 | 2.8 | 7 | | 托盘与锚杆尾端之间装有压力计 |
| ⑪ | 207009 | 2 | 7 | | |
| ⑫ | 205001 | 2 | 5 | | |

| 图型符号 | 离层仪序列号 | 离层仪基点深度/m |
|---|---|---|
| 3 m | 41113901 | 3 |
| 6 m | 41113902 | 6 |
| 4.5 m | 41113903 | 4.5 |

图 6-13　轨道顺槽监测仪器布置示意图

安装后的光纤光栅传感器如图 6-14 所示。

(a)

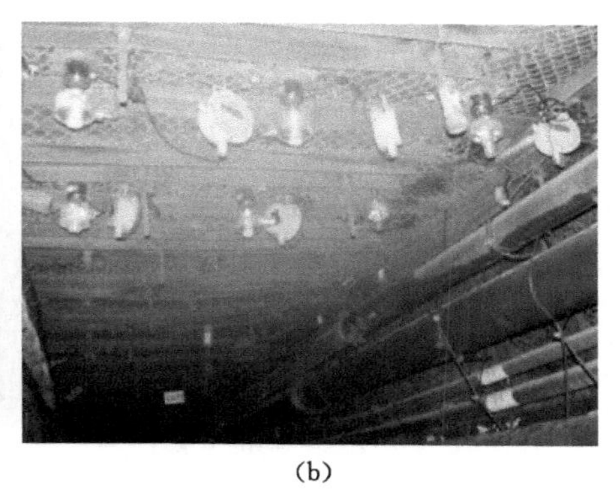
(b)

图 6-14 轨道顺槽光纤光栅传感器安装后的实照

## 6.4.2 留巷期间轨道顺槽矿压显现规律

### 6.4.2.1 顶板离层

光纤光栅顶板离层仪监测点的顶板离层量与时间的关系曲线如图 6-15 所示，工作面推进过程中其位置距监测点距离如图 6-16 所示。由图可知，受工作面采动影响之前，顶板主要表现为锚杆锚固区围岩的离层，锚杆锚固区外位移较小；2011 年 11 月 28 日，监测点深基点离层量大于浅基点，说明锚杆锚固区外顶板出现了离层，离层量 3.54 mm；2011 年 12 月 17 日，工作面距离监测点 95.5 m，顶板深浅基点离层量同时开始显著增加，深基点离层量达 33.13 mm，相对锚杆锚固区内的外锚固区顶板离层量达约 12 mm，说明监测点开始显著受到工作面超前支承压力影响；2012 年 1 月 7 日工作面推到监测点，监测点顶板离层量继续增大，深基点离层量 87.25 mm，浅基点离层量 54.51 mm；工作面推过后，顶板离层量进一步增加，2012 年 1 月 11 日顶板离层量急剧增大，2012 年 1 月 13 日深基点离层量达到最大 126.14 mm，而浅基点离层量急剧降低为 15.37 mm，说明浅基点岩层可能出现了断裂回转下沉，此时工作面已推过监测点约 38 m。

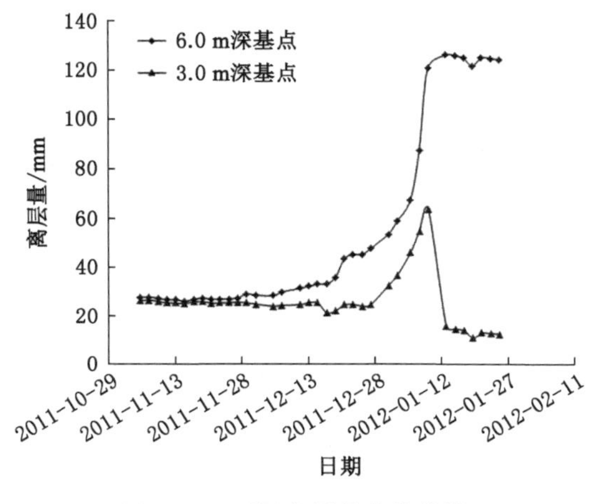


图 6-15 顶板离层量变化曲线

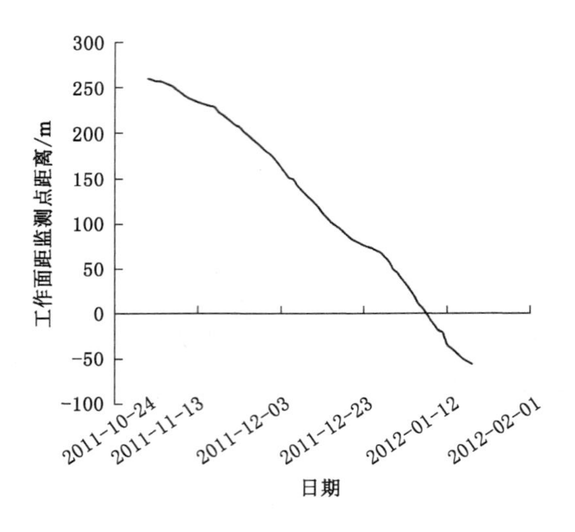


图 6-16　工作面与监测点的距离关系

6.4.2.2　锚杆托锚力

顶板锚杆托锚力随时间的变化曲线如图 6-17 所示，其中图 6-17(a)为人工采集电子式压力计的监测曲线，图 6-17(b)为光纤光栅锚杆压力计监测的数据。从图中可知，两种监测结果相比基本一致，一定程度上验证了光纤光栅监测的可靠性；2011 年 12 月 21 日顶板锚杆托锚力开始增大，此时工作面距离监测点 81 m，说明监测点开始显著受到工作面超前支承压力影响；2012 年 1 月 7 日工作面推到监测点，锚杆托锚力最大值达 16.52 MPa；工作面推过监测点后，锚杆托锚力继续增大，2012 年 1 月 12 日锚杆托锚力平均值达到最大；2012 年 1 月 13 日锚杆托锚力开始下降，说明锚固范围内围岩开始出现裂隙，锚杆支护阻力开始降低，此时工作面已推过监测点约 38 m。

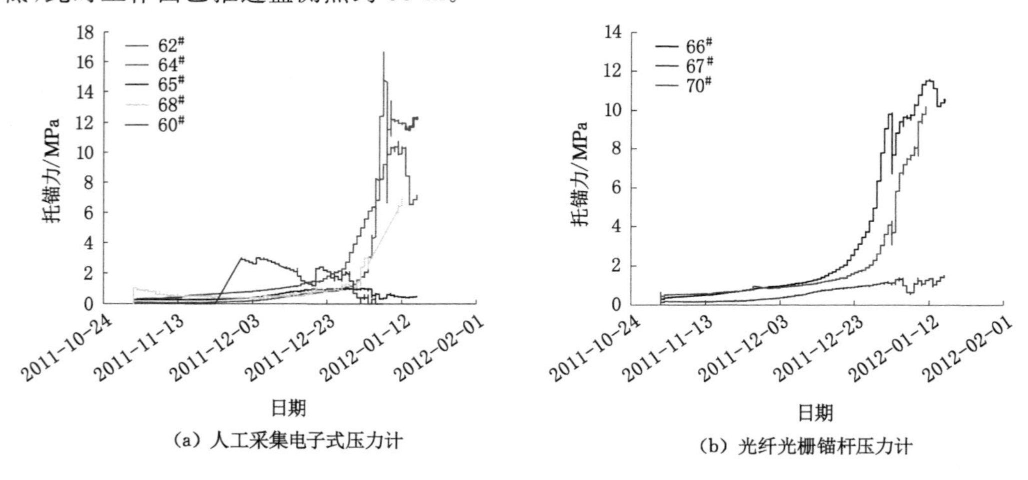


(a) 人工采集电子式压力计　　(b) 光纤光栅锚杆压力计

图 6-17　轨道顺槽锚杆托锚力变化曲线

6.4.2.3　光纤光栅测力锚杆工作状态下杆体应力分布特征

轨道顺槽光纤光栅测力锚杆杆体应力分布曲线如图 5-43 所示。由图 5-43 可以看出，光纤光栅测力锚杆安装后初期杆体应力同样呈现非均匀分布且波动变化，杆体内各监测点应力一般随着时间延长而不断增加；2011 年 12 月 15 日工作面距离监测点约 102.2 m，杆体监测点应力开始出现急剧变化，说明监测点开始受到工作面超前支承压力影响。部分锚杆杆体应力分布曲线呈现“上凸下凹”特征。

6.4.2.4 顶板不同深度温度变化特征

轨道顺槽顶板岩体内温度变化曲线如图 6-18 所示。由图 6-18 可知，顶板岩体内 1 400 mm 深度温度比 800 mm 深度高 2～3 ℃；随着时间的延长，顶板岩体内温度不断降低，离巷道表面越近温度降低越快；经历 58 d 后，800 mm 深度温度由 34.4 ℃降到 31.4 ℃，下降了 3 ℃，1 400 mm 深度温度由 31.7 ℃降到 29.5 ℃，下降了 2.2 ℃；经计算，监测点温度每升高 1 ℃，杆体内监测点应力仅升高约 1 kN，因此相较监测点杆体受力，温度对光纤光栅测力锚杆应力补偿可以忽略。

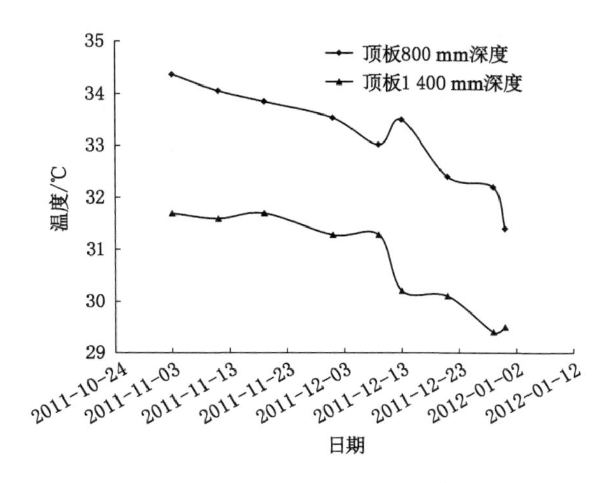


图 6-18 轨道顺槽顶板岩体内温度变化曲线

## 6.4.3 小结

1111(1)工作面轨道顺槽留巷期间除了采用新型在线监测系统以外，还采用传统方法对巷道表面收敛情况进行了长期观测。观测结果表明，轨道顺槽超前支承压力显现范围为 53.3～120 m，平均约 85 m；回采后工作面后方 50 m 范围为顶板剧烈活动区，50～80 m 趋于缓和，80～110 m 基本平稳，稳定后，顶板下沉速度小于 0.5 mm/d。

而光纤光栅监测系统观测结果表明，轨道顺槽超前支承压力显现范围为 81～102.2 m，平均约 91 m，工作面回采后 40 m 范围为顶板活动剧烈区，40 m 以外顶板趋于稳定。

经对比分析可知，两种观测结果基本一致，初步证明了新型煤矿巷道围岩动态实时在线监测系统的可靠性。

# 7 主要结论

本书采用理论分析、数值模拟、现场实测和工业性试验相结合的综合研究方法，围绕煤矿巷道树脂锚固力学行为、锚杆杆体承载特性开展研究，建立了空洞树脂锚固体拉拔状态下的力学模型及长时蠕变树脂锚固体拉拔状态下的力学模型，深入分析研究了两种模型的力学行为，揭示了树脂锚固体杆体承载特性，初步建立了基于现代传感技术的煤矿巷道围岩动态实时在线监测系统，提出了确保锚杆支护效果的几个原则，并在工程实践中得到了初步成功应用，取得的主要结论如下。

(1) 基于弹性理论建立了全长锚固空洞树脂锚固体拉拔状态下的力学模型，推导并求出了拉拔状态下空洞树脂锚固体沿锚固方向杆体内拉应力分布的理论公式，该公式为分段函数，可用于理论分析锚固层厚度、锚杆直径、空洞长度、锚固剂弹性模量等参数对空洞树脂锚固体中锚杆杆体拉应力分布特征的影响。

(2) 总结分析了树脂锚固介质的蠕变特性，经对比分析，指出标准线性模型具有瞬时弹性响应、减速蠕变、应力松弛、弹性后效等特性，可用于较准确地描述高聚物即树脂锚固剂的黏弹特性。基于蠕变、弹性理论建立了考虑锚固层黏弹特性的树脂锚固体拉拔状态下的长时蠕变模型，基于建立的模型，推导并求解了与时间有关的杆体拉应力 $\sigma_s$ 和树脂锚固层-杆体界面剪应力 $\tau_s$ 的公式及杆体外端点位移的近似公式，同时求解出了锚固体产生破坏的初始极限拉拔力 $P_{ini}$ 的表达式，如下式所示。

$$\sigma_s = P_1 e^{\alpha_1 z} \frac{\frac{4}{\pi D_1^2} - \frac{N_1}{\alpha_1^2}(1 - e^{-\alpha_1 L_1})}{e^{\alpha_1 L_1} - e^{-\alpha_1 L_1}} + P_1 e^{-\alpha_1 z} \frac{\frac{N_1}{\alpha_1^2}(1 - e^{\alpha_1 L_1}) - \frac{4}{\pi D_1^2}}{e^{\alpha_1 L_1} - e^{-\alpha_1 L_1}} + \frac{N_1}{\alpha_1^2} P_1$$

$$\tau_s = P_1 e^{\alpha_1 z} \frac{D_1 \alpha_1}{4} \frac{\frac{4}{\pi D_1^2} - \frac{N_1}{\alpha_1^2}(1 - e^{-\alpha_1 L_1})}{e^{\alpha_1 L_1} - e^{-\alpha_1 L_1}} + P_1 e^{-\alpha_1 z} \frac{D_1 \alpha_1}{4} \frac{\frac{N_1}{\alpha_1^2}(1 - e^{\alpha_1 L_1}) - \frac{4}{\pi D_1^2}}{e^{\alpha_1 L_1} - e^{-\alpha_1 L_1}}$$

$$P_{ini} = \frac{4\tau_u}{D_1 \alpha_1} \frac{e^{\alpha_1 L_1} - e^{-\alpha_1 L_1}}{\left(\frac{4}{\pi D_1^2} - \frac{N_1}{\alpha_1^2}\right)(e^{\alpha_1 L_1} + e^{-\alpha_1 L_1}) + \frac{2N_1}{\alpha_1^2}}$$

(3) 采用 ABAQUS 数值模拟软件建立了与空洞树脂锚固体和长时蠕变树脂锚固体两种力学模型对应的数值模型，经对比理论结果和数值模拟结果两者拟合较好，初步验证了两种锚固体力学模型的正确性；初步介绍了 ABAQUS 线弹性模型及蠕变模型中网格尺寸对模拟结果的影响；分析和研究了空洞树脂锚固体中杆体应力沿锚固方向的分布规律，指出拉拔状态下空洞树脂锚固体中，沿锚杆锚固方向杆体内拉应力 $\sigma_s$ 逐渐减小，但在锚固空洞位置会出现明显的“拉应力平台”，“拉应力平台”对应位置拉应力的一阶导数 $d\sigma_s/dx$ 其分布曲线出现了“急剧下降段”；根据杆体内拉应力的一阶导数分布曲线在空洞位置会出现急剧下降的特征，结合工程现场实测锚杆杆体轴向应力曲线经过拟合求导，可以推断巷道围岩中是否存在离层、破碎等空洞情况及其具体区间位置。同时指出，弹性阶段拉拔过程中锚杆杆体内拉应力由外端点向内锚固端逐渐传递，增长速度由外到里逐渐减小，在此过程中，杆体内应力通过树脂锚固层向四周围岩中扩散，表现为表面围岩不断向外部自由空间移动，表面围岩位移量及增长速度由钻孔位置向四周逐渐降低，且呈负指数形式分布；同时分析和研究了长时蠕变树脂锚固体中杆体应力沿锚固方向的分布规律，指出沿锚杆锚固方向杆体内拉应力 $\sigma_s$ 同样逐渐减小；随着时间的增加，拉拔状态下长时蠕变树脂锚固体中杆体内拉应力从杆体外端点逐渐向内锚固段端头演化，杆体内拉应力 $\sigma_s$ 不断增加，一段时间后，杆体内拉应力 $\sigma_s$ 分布才趋于稳定，同时杆体内拉应力通过树脂锚固层在锚固体内产生的剪应力由安装钻孔外端口呈“水滴型”向岩体四周扩散，经历一段时间后，岩体内剪应力依然不断变化，这也是杆体外端点的位移稳定时间大于杆体内拉应力和杆体表面剪应力稳定时间的原因；进一步研究了蠕变锚固体模型中杆体的极限抗拉拔力与时间的关系，把拉拔过程中蠕变模型中杆体应力演化及围岩变形分为三个阶段，即弹性阶段、长时蠕变阶段和破坏阶段。同时分析了锚杆直径、锚固层厚度、钻孔直径、围岩强度等参数对两种锚固体中杆体应力分布、杆体外端点位移等锚固体力学性能的影响，指出当锚杆直径越大、弹性模量越大、锚固层厚度相对越小，锚杆具有一定的锚固长度时，锚固体承受的拉拔力越大，杆体具有很好的承载特性，但锚固长度并不是越长越好，锚固体各参数之间存在一个最佳匹配以获得最佳的锚固效果，单纯加大锚固长度并不能有效提高锚杆支护效果。

(4) 借用“预拉力锚固系统锚固作用综合试验台”开展了预拉力与锚杆杆体内应力分布及演化特征的实验室研究，试验结果表明直径 20 mm、长 2 400 mm、锚固长度 1 400 mm 的锚杆杆体的平均轴力及锚杆杆体所受弯矩随预拉力的增加而增大，但都与预拉力呈非线性关系；当预拉力在 18～52 kN 之间增加时，锚杆杆体平均轴力及锚杆杆体所受弯矩增加较为明显，当预拉力在 45～52 kN 之间增加时，锚杆杆体平均轴力增加速度最快，而当预拉力在 18～52 kN 之间增加时，锚杆杆体的弯矩对其比较敏感、变化较快；外锚固段锚杆杆体平均轴力增加速度明显大于非锚固段和内锚固段，但在较低预拉力作用下，内锚固段锚杆杆体弯矩的变化速度明显大于外锚固段及非锚固段。通过煤矿井下树脂锚杆拉拔试验进一步研究树脂锚杆杆体承载特性，揭示预拉力与锚杆杆体外端点位移的相互关系及不同预拉力下杆体平均轴力分布特征。研究结果表明，树脂锚杆杆体平均轴力在锚固段沿锚固方向分布呈现先增大后减小的特征，随着外端点预拉力的增大锚杆杆体平均轴力呈现不断增加的演化过程；同时揭示并验证了中性点位置锚杆杆体应力最大且其附近杆体应力随预拉力的增加变化最为显著；随着预拉力的增加树脂锚杆杆体外端点位移由快速线性增长向缓慢增加过渡，煤矿巷道树脂锚杆支护中必须对锚杆施加一定的预拉力以尽早发挥锚杆杆体主动承载作用；同时基于实测的锚杆杆体应力分布曲线，借助理论研究结果，准确推测了巷道顶板的完整性。通过实验室试验和现场拉拔试验研究，初步判定树脂锚杆实际工作状态下杆体的承载受力主要集中在外锚固段中性点附近，锚杆杆体内最大拉应力出现在中性点位置，树脂锚杆杆体的主要承载区域集中在中性点附近；杆体内弯矩的存在说明杆体截面处于非均匀受力状态；对限制巷道围岩变形起主要作用的是中性点附近杆体-锚固层-围岩三者之间的黏结关系，并非锚固长度越长巷道围岩变形就越小，因此可以调整中性点附近杆体-锚固层-围岩三者之间的匹配关系使杆体处于最佳的承载状态，使锚杆长时有效最大限度限制围岩变形，获得较为理想的支护效果。

(5) 总结分析了现有煤矿巷道围岩监测手段的不足和光纤光栅传感技术的特点，初步提出并建立了一套以现代光纤传感技术为依托、适用于我国煤矿开采条件的煤矿巷道围岩动态实时在线监测系统，该系统共分为三个层次：感知层、网络层和应用层；根据矿压监测的内容，研制了准分布、高精度、配备远程传输接口的矿压监测传感元件，主要包括光纤光栅测力锚杆、光纤光栅温度传感器、光纤光栅顶板离层仪及光纤光栅锚杆(锚索)压力计，形成以应力、应变、温度等为监测对象的多方位新型矿压监测仪器；同时开发了煤矿巷道围岩动态实时在线监测软件，该软件具备实时显示、数据存储保护、数据自动分析等功能，可实现监测数据的在线监控和围岩灾害预警、报警，同时能与互联网连接，提供局域网阅览功能，方便用户远程控制。

(6) 采用煤矿巷道围岩动态实时监测系统对井下光纤光栅测力锚杆杆体应力分布及演化进行了实时动态监测。监测数据表明，在巷道围岩中锚杆杆体拉应力分布表现为多样性，锚杆工作状态下杆体应力呈现非均匀分布且波动变化，锚杆杆体内各监测点应力随着巷道围岩活动情况、压力大小等不断调整；多数锚杆杆体应力分布曲线呈现“上凸下凹”特征，说明锚杆工作状态下杆体内存在弯矩，杆体除承载拉应力以外还同时承载较大的压应力和剪应力；杆体弯矩的出现除了与巷道围岩活动有关外，安装钻孔的垂直度、孔壁的光滑度及锚固剂搅拌均匀度等同样对杆体内弯矩的大小有影响，当杆体内弯矩增加到一定程度时，将影响锚杆杆体内拉应力的传递，削弱杆体与围岩的相互作用，降低锚杆强化巷道围岩、限制巷道变形的支护作用，同时会造成锚杆部分杆体段应力集中、承载过大，增加杆体引发黏结失效、破断失效的可能性；按照监测数据的分布特征，煤矿井下巷道锚杆安装初期杆体内应力分布曲线可分为三种类型：增长型、降低型和波浪型。

(7) 基于本书研究内容提出了几个确保锚杆支护效果的基本原则，并应用于淮南矿区顾桥煤矿 1115(1)工作面轨道顺槽及朱集煤矿 1111(1)工作面轨道顺槽的工程实践。应用结果表明，遵循该原则采用的预拉力高强锚杆强化支护技术可以充分调动围岩的自稳能力，优化围岩的力学参数，有效控制巷道围岩变形，满足矿井安全生产要求；杆体强度及配件的升级、锚杆预拉力的提高、杆体内弯矩的减小等可以有效提高锚杆杆体的承载特性，确保树脂锚杆长时有效稳定地发挥支护阻力。同时，采用煤矿巷道围岩动态实时在线监测系统成功揭示了 1111(1)首采工作面轨道顺槽沿空留巷期间的矿压显现规律，并与传统矿压观测结果进行了对比，两者基本一致，初步显示了该系统的可靠性和应用前景。

# 参考文献

[1] IEA. International energy agency coal industry advisory board 30th plenary meeting [R]. IEA headquarter in Paris,2008.

[2] BP. Statistical review of world energy[M]. [S. l. :s. n. ] ,2021.

[3] IEA. World energy outlook 2009[M]. [S. l. :s. n. ] ,2009.

[4] 霍超,王蕾,谢志清,等. 新时期我国煤矿地下空间综合利用现状及展望[J]. 地质论评,2024,70(4):1455-1468.

[5] 陈炎光,陆士良. 中国煤矿巷道围岩控制[M]. 徐州:中国矿业大学出版社,1994.

[6] 钱鸣高,石平五,许家林. 矿山压力与岩层控制[M]. 2 版. 徐州:中国矿业大学出版社,2010.

[7] 杜计平,苏景春. 煤矿深井开采的矿压显现及控制[M]. 徐州:中国矿业大学出版社,2000.

[8] 刘泉声,高玮,袁亮. 煤矿深部岩巷稳定控制理论与支护技术及应用[M]. 北京:科学出版社,2010.

[9] 谢和平. 深部岩体力学与开采理论研究进展[J]. 煤炭学报,2019,44(5):1283-1305.

[10] 谢和平,高峰,鞠杨. 深部岩体力学研究与探索[J]. 岩石力学与工程学报,2015,34(11):2161-2178.

[11] 康红普,司林坡. 深部矿区煤岩体强度测试与分析[J]. 岩石力学与工程学报,2009,28(7):1312-1320.

[12] 康红普. 我国煤矿巷道围岩控制技术发展 70 年及展望[J]. 岩石力学与工程学报,2021,40(1):1-30.

[13] 侯朝炯,郭励生,勾攀峰,等. 煤巷锚杆支护[M]. 徐州:中国矿业大学出版社,1999.

[14] 侯朝炯团队. 巷道围岩控制[M]. 徐州:中国矿业大学出版社,2013.

[15] 康红普,王金华. 煤巷锚杆支护理论与成套技术[M]. 北京:煤炭工业出版社,2007.

[16] 何满潮,袁和生,靖洪文,等. 中国煤矿锚杆支护理论与实践[M]. 北京:科学出版社,2004.

[17] 何满潮,孙晓明. 中国煤矿软岩巷道工程支护设计与施工指南[M]. 北京:科学出版社,2004.

[18] 郑颖人,董飞云,徐振远,等. 地下工程锚喷支护设计指南[M]. 北京:中国铁道出版社,1988.

[19] 蔡美峰. 岩石力学与工程[M]. 2 版. 北京:科学出版社,2013.

[20] KOVÁRI K. History of the sprayed concrete lining method-part Ⅰ:milestones up to the 1960s[J]. Tunnelling and underground space technology,2003,18(1):57-69.

[21] KOVÁRI K. History of the sprayed concrete lining method-part Ⅱ:milestones up to the 1960s[J]. Tunnelling and underground space technology,2003,18(1):71-83.
[22] 耿卫红,罗春华. 岩土锚固工程技术及其应用[J]. 探矿工程(岩土钻掘工程),1997(4):8-10.
[23] 王冲. 预应力锚固的施工[M]. 北京:水利电力出版社,1987.
[24] 张农,高明仕. 煤巷高强预应力锚杆支护技术与应用[J]. 中国矿业大学学报,2004,33(5):524-527.
[25] 钱鸣高,许家林,王家臣. 再论煤炭的科学开采[J]. 煤炭学报,2018,43(1):1-13.
[26] 张农,韩昌良,谢正正. 煤巷连续梁控顶理论与高效支护技术[J]. 煤矿开采,2019,1(2):42-49.
[27] 康红普,林健,吴拥政. 全断面高预应力强力锚索支护技术及其在动压巷道中的应用[J]. 煤炭学报,2009,34(9):1153-1159.
[28] 何满潮,景海河,孙晓明. 软岩工程地质力学研究进展[J]. 工程地质学报,2000,8(1):46-62.
[29] 康红普,颜立新,郭相平,等. 回采工作面多巷布置留巷围岩变形特征与支护技术[J]. 岩石力学与工程学报,2012,31(10):2022-2036.
[30] 钱七虎,李树忱. 深部岩体工程围岩分区破裂化现象研究综述[J]. 岩石力学与工程学报,2008,27(6):1278-1284.
[31] 王祥秋,杨林德,高文华. 软弱围岩蠕变损伤机理及合理支护时间的反演分析[J]. 岩石力学与工程学报,2004,23(5):793-796.
[32] 侯朝炯. 深部巷道围岩控制的关键技术研究[J]. 中国矿业大学学报,2017,46(5):970-978.
[33] 侯朝炯,勾攀峰. 巷道锚杆支护围岩强度强化机理研究[J]. 岩石力学与工程学报,2000,19(3):342-345.
[34] 康红普. 煤巷锚杆支护成套技术研究与实践[J]. 岩石力学与工程学报,2005,24(21):3959-3964.
[35] 何富连,张广超. 大断面采动剧烈影响煤巷变形破坏机制与控制技术[J]. 采矿与安全工程学报,2016,33(3):423-430.
[36] 常聚才,齐潮,殷志强,等. 动载作用下全锚锚固体应力波传播及破坏特征[J]. 煤炭学报,2023,48(5):1996-2007.
[37] HOBBS D W. The formation of tension joints in sedimentary rocks:an explanation [J]. Geological magazine,1967,104(6):550-556.
[38] FREEMAN T J. The behavior of fully bonded rock bolts in the Kielder experimental tunnel[J]. Tunnels and tunnelling,1978,10(5):37-40.
[39] BJÖRNFOT F,STEPHANSSON O. Interaction of grouted rock bolts and hard rock masses at variable loading in a test drift of the Kiirunavaara Mine,Sweden[M]//Rock bolting. London:Routledge,2021:377-395.
[40] TAO Z Y, CHEN J X. Behavior of rock bolting as tunneling support [C]//Proceedings of the International Symposium on Rock Bolting, Rotterdam:

Balkema,1984.

[41] SELVADURAI A P S. Some results concerning the viscoelastic relaxation of prestress in a surface rock anchor[J]. International journal of rock mechanics and mining sciences & geomechanics abstracts,1979,16(5):309-317.

[42] STHEEMAN W H. A practical solution to cable bolting problems at the Tsumeb Mine[J]. Canadian institute of mining, metallurgy and petroleum,1982,19(6):141.

[43] JAMES R W,DE LA GUARDIA C,JR MCCREARY C R. Strength of epoxy-grouted anchor bolts in concrete [J]. Journal of structural engineering, 1987, 113 (12): 2365-2381.

[44] COOK R A,DOERR G T,KLINGNER R E. Bond stress model for design of adhesive anchors[J]. ACI structural journal,1993,90(5):514-524.

[45] BAŽANT Z P, DESMORAT R. Size effect in fiber or bar pullout with interface softening slip[J]. Journal of engineering mechanics,1994,120(9):1945-1962.

[46] BENMOKRANE B,CHENNOUF A,MITRI H S. Laboratory evaluation of cement-based grouts and grouted rock anchors[J]. International journal of rock mechanics and mining sciences & geomechanics abstracts,1995,32(7):633-642.

[47] BENMOKRANE B, CHEKIRED M, XU H, et al. Behavior of grouted anchors subjected to repeated loadings in field[J]. International journal of rock mechanics and mining sciences & geomechanics abstracts,1995,32(8):A394.

[48] STEEN M,VALLÉS J L. Interfacial bond conditions and stress distribution in a two-dimensionally reinforced brittle-matrix composite [J]. Composites science and technology,1998,58(3/4):313-330.

[49] SERRANO A, OLALLA C. Tensile resistance of rock anchors [J]. International journal of rock mechanics and mining sciences,1999,36(4):449-474.

[50] LANCZOS C. The variational principles of mechanics[J]. Mathematical gazette,1949, 10(5):31-80.

[51] HOEK E,BROWN E T. Empirical strength criterion for rock masses[J]. Journal of the geotechnical engineering division,1980,106(9):1013-1035.

[52] HOEK E, BROWN E T. The Hoek-Brown failure criterion: a 1988 update [J]. Engineering, materials science,1988:31-38.

[53] LI C,STILLBORG B. Analytical models for rock bolts[J]. International journal of rock mechanics and mining sciences,1999,36(8):1013-1029.

[54] KILIC A,YASAR E,CELIK A G. Effect of grout properties on the pull-out load capacity of fully grouted rock bolt[J]. Tunnelling and underground space technology, 2002,17(4):355-362.

[55] 尤春安.锚固系统应力传递机理理论及应用研究[D].青岛:山东科技大学,2004.

[56] 尤春安,战玉宝.预应力锚索锚固段的应力分布规律及分析[J].岩石力学与工程学报,2005,24(6):925-928.

[57] 何思明.预应力锚索作用机理研究[D].成都:西南交通大学,2004.

[58] 朱训国. 地下工程中注浆岩石锚杆锚固机理研究[D]. 大连:大连理工大学,2007.
[59] 饶枭宇. 预应力岩锚内锚固段锚固性能及荷载传递机理研究[D]. 重庆:重庆大学,2007.
[60] HOEK E,WOOD D F. Rock support[J]. International journal of rock mechanics and mining sciences & geomechanics abstracts,1989,26(2):79.
[61] YANG S T,WU Z M,HU X Z,et al. Theoretical analysis on pullout of anchor from anchor-mortar-concrete anchorage system[J]. Engineering fracture mechanics,2008,75(5):961-985.
[62] WU Z M,YANG S T,HU X Z,et al. Analytical method for pullout of anchor from anchor-mortar-concrete anchorage system due to shear failure of mortar[J]. Journal of engineering mechanics,2007,133(12):1352-1369.
[63] 卢黎,张永兴,吴曙光. 压力型锚杆锚固段的应力分布规律研究[J]. 岩土力学,2008,29(6):1517-1520.
[64] 卢黎. 压力型岩锚内锚固段锚固性能及工程应用研究[D]. 重庆:重庆大学,2010.
[65] KIM N K, PARK J S, KIM S K. Numerical simulation of ground anchors[J]. Computers and geotechnics,2007,34(6):498-507.
[66] FROLI M. Analytical remarks on the anchorage of elastic-plastically bonded ductile bars[J]. International journal of mechanical sciences,2007,49(5):589-596.
[67] DELHOMME F,DEBICKI G. Numerical modelling of anchor bolts under pullout and relaxation tests[J]. Construction and building materials,2010,24(7):1232-1238.
[68] EUROCODE 2. Design of concrete structure-part 1-1:general rules and rules for buildings[R]. Brussels:European Standards,CEN,2003.
[69] 于远祥,谷拴成,吴璋,等. 黄土地层下预应力锚索荷载传递规律的试验研究[J]. 岩石力学与工程学报,2010,29(12):2573-2580.
[70] 任智敏,李义. 拉拔状态下全锚锚杆轴向应力分布规律研究[J]. 山西煤炭,2010,30(2):44-46.
[71] 邓宗伟,冷伍明,邹金锋,等. 预应力锚索荷载传递与锚固效应计算[J]. 中南大学学报(自然科学版),2011,42(2):501-507.
[72] 郑文博,庄晓莹,蔡永昌,等. 地震作用下预应力锚索对岩石边坡稳定性影响的模拟方法及锚索优化研究[J]. 岩土工程学报,2012,34(9):1668-1676.
[73] 江权,陈建林,冯夏庭,等. 大型地下洞室对穿预应力锚索失效形式与耦合模型[J]. 岩土力学,2013,34(8):2271-2279.
[74] 张伟,刘泉声. 基于剪切试验的预应力锚杆变形性能分析[J]. 岩土力学,2014,35(8):2231-2240.
[75] 黄明华,周智,欧进萍. 拉力型锚杆锚固段拉拔受力的非线性全历程分析[J]. 岩石力学与工程学报,2014,33(11):2190-2199.
[76] 陈文强,贾志欣,赵宇飞,等. 剪切过程中锚杆的轴向和横向作用分析[J]. 岩土力学,2015,36(1):143-148,155.
[77] 孟庆彬,韩立军,乔卫国,等. 泥质弱胶结软岩巷道变形破坏特征与机理分析[J]. 采矿

与安全工程学报,2016,33(6):1014-1022.
[78] 肖同强,李化敏,李海洋,等.不同锚固长度下锚杆拉拔特性研究[J].采矿与安全工程学报,2017,34(6):1075-1080.
[79] 刘国庆,肖明,周浩.地下洞室预应力锚索锚固机制及受力特性分析[J].岩土力学,2017,38(增刊1):439-446.
[80] 谢璨,李树忱,李术才,等.渗透作用下土体蠕变与锚索锚固力损失特性研究[J].岩土力学,2017,38(8):2313-2321,2334.
[81] 董恩远,王卫军,马念杰,等.考虑围岩蠕变的锚固时空效应分析及控制技术[J].煤炭学报,2018,43(5):1238-1248.
[82] 王文杰,宋千强.爆炸动载与预紧力静载下全长锚固玻璃钢锚杆受力特征研究[J].采矿与安全工程学报,2019,36(1):140-148.
[83] 言志信,李亚鹏,龙哲,等.地震作用下含软弱层锚固岩质边坡界面剪切作用[J].清华大学学报(自然科学版),2019,59(11):910-916.
[84] 孟祥瑞,张若飞,李英明,等.全长锚固玻璃钢锚杆应力分布规律及 影响因素研究[J].采矿与安全工程学报,2019,36(4):678-684.
[85] 刘少伟,王伟,付孟雄,等.螺纹钢锚杆搅拌锚固剂力学特征分析与端部形态优化实验[J].中国矿业大学学报,2020,49(3):419-427.
[86] 宁建国,邱鹏奇,杨书浩,等.深部大断面硐室动静载作用下锚固承载结构稳定机理研究[J].采矿与安全工程学报,2020,37(1):50-61.
[87] 靖洪文,尹乾,朱栋,等.深部巷道围岩锚固结构失稳破坏全过程试验研究[J].煤炭学报,2020,45(3):889-901.
[88] 侯朝炯,王襄禹,柏建彪,等.深部巷道围岩稳定性控制的基本理论与技术研究[J].中国矿业大学学报,2021,50(1):1-12.
[89] 蒋宇静,张孙豪,栾恒杰,等.恒定法向刚度边界条件下锚固节理岩体剪切特性试验研究[J].岩石力学与工程学报,2021,40(4):663-675.
[90] 张雷,黄志敏,白龙,等.锚杆锚固缺陷无损检测信号的多尺度熵分析[J].中国矿业大学学报,2021,50(6):1077-1086.
[91] 赵增辉,刘浩,孙伟,等.考虑界面及损伤效应的岩体锚固系统渐进破坏行为[J].岩土力学,2022,43(11):3163-3173.
[92] 李建忠,高富强,娄金福,等.破碎岩体锚固及承载失稳机制研究[J].采矿与安全工程学报,2022,39(6):1125-1134.
[93] 梁东旭,张农,荣浩宇.基于锚固剂环裂纹扩展的全长锚固脱黏失效机制研究[J].岩石力学与工程学报,2023,42(4):948-963.
[94] 夏敬欢,梅林芳,张世雄.大冶铁矿露天转地下巷道围岩变形监测与稳定性预报研究[J].矿业快报,2006,25(12):36-38.
[95] 何杰兵.淮南矿区深部巷道围岩监测[J].煤炭技术,2007,26(10):87-88.
[96] 鲁全胜,高谦.金川二矿区采场巷道围岩与充填体收敛变形监测研究[J].岩石力学与工程学报,2003,(增2):2633-2638.
[97] 李术才,王汉鹏,钱七虎,等.深部巷道围岩分区破裂化现象现场监测研究[J].岩石力

学与工程学报,2008,27(8):1545-1553.
[98] 高谦,王保学,杨同,等.矿山运输巷道围岩变形监测分析及在施工中的应用[J].中国矿业,1997,6(3):56-59.
[99] 冶小平,孙强.某软岩巷道围岩变形监测研究[J].西部探矿工程,2009,21(10):108-110,113.
[100] 邓福康,汪仁和.巷道围岩分类与锚喷支护设计[J].山东煤炭科技,2009(1):69-70.
[101] 古全忠,李效甫,王泽进,等.巷道围岩失稳及锚杆位态监测[J].矿山压力与顶板管理,1997(增1):207-209.
[102] 黄夫宽,王显森.LBY-Ⅲ型顶板离层指示仪在五沟煤矿中的应用[J].山西建筑,2007,33(33):340-341.
[103] 赵玮烨.KJ132顶板离层监测系统在凤凰山矿的应用[J].煤矿机电,2009(2):106.
[104] 张勇,闫相宏,宋扬.基于网络的煤矿巷道顶板离层计算机监测预报系统研究[J].矿业安全与环保,2008,35(6):29-30,33.
[105] 卢喜山.智能型顶板离层仪的研制与应用[J].煤炭工程,2006(6):92-94.
[106] 李明旭,蒋敬平,王富奇,等.KZL—300巷道顶板离层自动监测报警系统[J].山东煤炭科技,2003(2):31-32.
[107] 蒋敬平,李明旭,张震,等.巷道顶板离层自动监测报警系统在鲍店煤矿的应用[J].山东煤炭科技,2004(1):20-21.
[108] 于腾飞,苏维嘉.巷道围岩变形自动监测系统[J].辽宁工程技术大学学报(自然科学版),2008(增刊1):213-215.
[109] MCCREARY R, MCGAUGHEY J, POTVIN Y, et al. Results from microseismic monitoring, conventional instrumentation, and tomography surveys in the creation and thinning of a burst-prone sill pillar[J]. Pure and applied geophysics, 1992, 139(3):349-373.
[110] YOUNG R P, TALEBI S, HUTCHINS D A, et al. Analysis of mining-induced microseismic events at Strathcona Mine, Subdury, Canada[J]. Pure and applied geophysics, 1989, 129(3/4):455-474.
[111] 李希勇,孙庆国.深部巷道围岩工程控制理论及支护实践[M].徐州:中国矿业大学出版社,2001.
[112] 付国彬,姜志方.深井巷道矿山压力控制[M].徐州:中国矿业大学出版社,1996.
[113] 袁和生.煤矿巷道锚杆支护技术[M].北京:煤炭工业出版社,1997.
[114] SEIM J M, SCHULZ W L, UDD E, et al. Low-cost high-speed fiber optic grating demodulation system for monitoring composite structures [J]. SPIE-The international society for optical engineering, 1998, 3326:390-395.
[115] 姜德生,CLAUS R O.智能材料器结构与应用[M].武汉:武汉工业大学出版社,2000.
[116] CASAS J R, CRUZ P J S. Fiber optic sensors for bridge monitoring[J]. Journal of bridge engineering, 2003, 8(6):362-373.
[117] 张颖.布拉格光纤光栅传感技术研究[D].天津:南开大学,2001.

[118] 王惠文. 光纤传感技术与应用[M]. 北京:国防工业出版社,2001.

[119] 郭凤珍,于长泰. 光纤传感技术与应用[M]. 杭州:浙江大学出版社,1992.

[120] 刘德明,向清,黄德修. 光纤技术及其应用[M]. 成都:电子科技大学出版社,1994.

[121] 安毓英,曾小东. 光学传感与测量[M]. 北京:电子工业出版社,1995.

[122] 周龙飞. 光纤光栅传感技术在桥梁结构内部应变检测中的应用[J]. 交通世界,2024(26):89-91.

[123] MELTZ G,MOREY W W,GLENN W H. Formation of Bragg gratings in optical fibers by a transverse holographic method[J]. Optics letters,1989,14(15):823-825.

[124] VENGSARKAR A M, LEMAIRE P J, JUDKINS J B, et al. Long-period fiber gratings as band-rejection filters[J]. Journal of lightwave technology,1996,14(1):58-65.

[125] BHATIA V,VENGSARKAR A M. Optical fiber long-period grating sensors[J]. Optics letters,1996,21(9):692-694.

[126] 赵廷超,黄尚廉,陈伟民. 机敏土建结构中光纤传感技术的研究综述[J]. 重庆大学学报(自然科学版),1997,20(5):104-109.

[127] 瞿伟廉,李卓球,姜德生,等. 智能材料-结构系统在土木工程中的应用[J]. 地震工程与工程振动,1999,19(3):87-95.

[128] 袁慎芳,陶宝祺,王昕. 智能材料结构在民用上的应用[J]. 南京航空航天大学学报,1997,29(5):586-592.

[129] YONG W,TJIN S C,ZHENG X,et al. Simultaneous monitoring of the amplitude and location of loading with fiber Bragg grating sensor arrays[J]. SPIE,1998,4337:451-458.

[130] ZANG G,LI S H,QIN Y,et al. Research of distributed fiber sensor using wavelet transform[J]. SPIE,1998,3541:330-337.

[131] TAKEDA N. Characterization of microscopic damage in composite laminates and real-time monitoring by embedded optical fiber sensors[J]. International journal of fatigue,2002,24(2/3/4):281-289.

[132] 秦志宏,赵光明,孟祥瑞,等. 基于分布式光纤技术的深井工作面覆岩采动裂隙演化规律研究[J]. 采矿与安全工程学报,2024,41(5): 889-898.

[133] CUSANO A,CUTOLO A,NASSER J,et al. Dynamic strain measurements by fibre Bragg grating sensor[J]. Sensors and actuators A: physical, 2004, 110 (1/2/3):276-281.

[134] FRESVIG T,LUDVIGSEN P,STEEN H,et al. Fibre optic Bragg grating sensors: an alternative method to strain gauges for measuring deformation in bone[J]. Medical engineering and physics,2008,30(1):104-108.

[135] LÖNNERMARK A, HEDEKVIST P O, INGASON H. Gas temperature measurements using fibre Bragg grating during fire experiments in a tunnel[J]. Fire safety journal,2008,43(2):119-126.

[136] PAL S,SUN T,GRATTAN K T V,et al. Non-linear temperature dependence of

Bragg gratings written in different fibres, optimised for sensor applications over a wide range of temperatures[J]. Sensors and actuators A: physical, 2004, 112(2/3): 211-219.

[137] MOYO P, BROWNJOHN J M W, SURESH R, et al. Development of fiber Bragg grating sensors for monitoring civil infrastructure[J]. Engineering structures, 2005, 27(12): 1828-1834.

[138] LIU J G, SCHMIDT-HATTENBERGER C, BORM G. Dynamic strain measurement with a fibre Bragg grating sensor system[J]. Measurement, 2002, 32(2): 151-161.

[139] MAASKANT R, ALAVIE T, MEASURES R M, et al. Fiber-optic Bragg grating sensors for bridge monitoring[J]. Cement and concrete composites, 1997, 19(1): 21-33.

[140] MAJUMDER M, GANGOPADHYAY T K, CHAKRABORTY A K, et al. Fibre Bragg gratings in structural health monitoring: present status and applications[J]. Sensors and actuators A: physical, 2008, 147(1): 150-164.

[141] YANG Y W, BHALLA S, WANG C, et al. Monitoring of rocks using smart sensors [J]. Tunnelling and underground space technology, 2007, 22(2): 206-221.

[142] FERRARO P, DE NATALE G. On the possible use of optical fiber Bragg gratings as strain sensors for geodynamical monitoring[J]. Optics and lasers in engineering, 2002, 37(2/3): 115-130.

[143] WHITAKER A. Structural health monitoring of composite structures using fiber optic sensors[R]. [S. l. : s. n. ], 2016.

[144] 丁睿. 工程健康监测的分布式光纤传感技术及应用研究[D]. 成都：四川大学，2005.

[145] 孙曼. 光纤 Bragg 光栅传感技术用于工程结构安全监测的研究[D]. 成都：四川大学，2005.

[146] CHAN T H T, YU L, TAM H Y, et al. Fiber Bragg grating sensors for structural health monitoring of Tsing Ma bridge: background and experimental observation [J]. Engineering structures, 2006, 28(5): 648-659.

[147] LEUNG C K Y. Fiber optic sensors in concrete: the future? [J]. NDT & E international, 2001, 34(2): 85-94.

[148] 林传年，刘泉声，高玮，等. 光纤传感技术在锚杆轴力监测中的应用[J]. 岩土力学，2008, 29(11): 3161-3164.

[149] 艾红，陈闻新. 基于光纤传感器的油井温度场监测研究[J]. 光通信技术，2010, 34(3): 15-17.

[150] 撒继铭. 光纤 CO 气体传感器的理论建模及设计实现[D]. 武汉：华中科技大学，2007.

[151] 张景超. 光纤光学式甲烷气体传感器的设计与实验研究[D]. 秦皇岛：燕山大学，2006.

[152] 孙丽. 光纤光栅传感技术与工程应用研究[D]. 大连：大连理工大学，2006.

[153] 任亮. 光纤光栅传感技术在结构健康监测中的应用[D]. 大连：大连理工大学，2008.

[154] 孙汝蛟. 光纤光栅传感技术在桥梁健康监测中的应用研究[D]. 上海：同济大学，2007.

[155] 曹晔. 光纤光栅传感器解调技术及封装工艺的研究[D]. 天津：南开大学，2005.

[156] 刘胜春.光纤光栅智能材料与桥梁健康监测系统研究[D].武汉:武汉理工大学,2006.

[157] HILL K O, FUJII Y, JOHNSON D C, et al. Photosensitivity in optical fiber waveguides:application to reflection filter fabrication[J]. Applied physics letters, 1978,32(10):647-649.

[158] 黄尚廉,梁大巍,骆飞.分布式光纤传感器现状与动向[J].光电工程,1990(3):57-62.

[159] 黄尚廉,梁大巍,刘龚.分布式光纤温度传感器系统的研究[J].仪器仪表学报,1991,12(4):359-364.

[160] 黄尚廉.智能结构:工程学科萌生的一场革命[J].压电与声光,1993,15(1):13-15.

[161] 黄尚廉,骆飞.高双折射光纤双折射参数的精密干涉测量法[J].光电工程,1993,20(5):23-26.

[162] 欧进萍.土木工程结构用智能感知材料、传感器与健康监测系统的研发现状[J].功能材料信息,2005(5):12-22.

[163] 欧进萍,周智,王勃.FRP-OFBG 智能复合筋及其在加筋混凝土梁中的应用[J].高技术通讯,2005,15(4):23-28.

[164] 欧进萍,侯爽,周智,等.多段分布式光纤裂缝监测系统及其应用[J].压电与声光,2007,29(2):144-147.

[165] 欧进萍.土木工程结构智能感知材料、传感器与健康监测系统[C]//国家仪表功能材料工程技术研究中心,国家“863”计划新材料领域专家委员会,中国仪器仪表学会仪表材料学会,等.第五届中国功能材料及其应用学术会议论文集Ⅰ,2004.

[166] HEASLEY K A,DUBANIEWICZ T H,DIMARTINO M D. Development of a fiber optic stress sensor[J]. International journal of rock mechanics and mining sciences, 1997,34(3/4):66. e1-66. e13.

[167] NARUSE H,UEHARA H,DEGUCHI T,et al. Application of a distributed fibre optic strain sensing system to monitoring changes in the state of an underground mine[J]. Measurement science and technology,2007,18(10):3202-3210.

[168] 冯仁俊,彭文庆,杨义辉.全长锚固锚杆的光纤光栅实验研究[J].矿业工程研究,2009,24(1):39-43.

[169] 信思金,李斯丹,舒丹.光纤 Bragg 光栅传感器在锚固工程中的应用[J].华中科技大学学报(自然科学版),2005,33(3):75-77.

[170] 李辉,郝建军,何秋生.光纤传感技术在矿井安全监测中的应用[J].煤矿安全,2006,37(4):37-40.

[171] 裴雅兴,谭先康,王爱勋.光纤传感技术在预应力锚杆应力测试中的应用[J].人民长江,2004,35(1):25-27.

[172] 张丹,张平松,施斌,等.采场覆岩变形与破坏的分布式光纤监测与分析[J].岩土工程学报,2015,37(5):952-957.

[173] 王宽,倪建明,陈贵,等.掘进爆破过程中巷道顶板离层位移的光纤监测[J].光学技术,2015,41(1):64-67.

[174] 程刚.煤层采动覆岩变形分布式光纤监测关键技术及其应用研究[D].南京:南京大学,2016.

[175] 许星宇，朱鸿鹄，张巍，等. 基于光纤监测的边坡应变场可视化系统研究[J]. 岩土工程学报，2017，39(增刊1)：96-100.
[176] 杨家坤. 多煤层开采覆岩分布式光纤监测及破坏特征研究[D]. 徐州：中国矿业大学，2018.
[177] 柴敬，彭钰博，马伟超，等. 煤柱应力应变分布的光纤监测试验研究[J]. 地下空间与工程学报，2017，13(1)：213-219.
[178] 柴敬，薛子武，郭瑞，等. 采场覆岩垮落形态与演化的分布式光纤检测试验研究[J]. 中国矿业大学学报，2018，47(6)：1185-1192.
[179] 柴敬，霍晓斌，钱云云，等. 采场覆岩变形和来压判别的分布式光纤监测模型试验[J]. 煤炭学报，2018，43(增刊1)：36-43.
[180] 柴敬，欧阳一博，张丁丁，等. 采场覆岩变形分布式光纤监测岩体-光纤耦合性分析[J]. 采矿与岩层控制工程学报，2020，2(3)：69-78.
[181] 柴敬，雷武林，杜文刚，等. 分布式光纤监测的采场巨厚复合关键层变形试验研究[J]. 煤炭学报，2020，45(1)：44-53.
[182] 柴敬，周余，欧阳一博，等. 基于光纤监测的注浆浆液扩散范围试验研究[J]. 中国矿业大学学报，2022，51(6)：1045-1055.
[183] 柴敬，刘永亮，王梓旭，等. 保护层开采下伏煤岩卸压效应及其光纤监测[J]. 煤炭学报，2022，47(8)：2896-2906.
[184] 张平松，翟恩发，程爱民，等. 深厚煤层开采底板变形特征的光纤监测研究[J]. 地下空间与工程学报，2019，15(4)：1197-1203.
[185] 张平松，张丹，孙斌杨，等. 巷道断面空间岩层变形与破坏演化特征光纤监测研究[J]. 工程地质学报，2019，27(2)：260-266.
[186] 胡涛. 分布式光纤传感技术在覆岩采动变形监测的应用研究[D]. 北京：中国矿业大学(北京)，2020.
[187] 朱鹏飞. 基于深度学习的覆岩变形分布式光纤监测数据推测[D]. 西安：西安科技大学，2021.
[188] 朱磊，古文哲，柴敬，等. 采动覆岩全场变形演化过程分布式光纤监测研究[J]. 采矿与岩层控制工程学报，2022，4(1)：39-46.
[189] 随意，程晓辉，李官勇，等. 基于分布式光纤监测的盾构隧道管片变形受力反演分析[J]. 工程力学，2022，39(增刊1)：158-163.
[190] 中华人民共和国应急管理部，国家矿山安全监察局. 煤矿安全规程 2022[S]. 北京：应急管理出版社，2022.
[191] MCVAY M，COOK R A，KRISHNAMURTHY K. Pullout simulation of post-installed chemically bonded anchors[J]. Journal of structural engineering，1996，122(9)：1016-1024.
[192] 唐树名，饶枭宇，张永兴. 公路边坡锚固失效模式及影响因素[J]. 公路交通技术，2005(5)：26-28，39.
[193] 汉纳. 锚固技术在岩土工程中的应用[M]. 胡定，邱作中，刘浩吾，等译. 北京：中国建筑工业出版社，1987.

[194] 李磊,杨威.锚杆失效的原因及防治措施[J].矿业工程,2007,5(6):28-30.
[195] 王英,任瑞云,姜洪雨.大雁矿区煤巷锚杆支护失效原因分析及预防[J].煤炭工程,2005,(4):23-25.
[196] 徐仲东.锚杆支护失效原因分析及防范措施[J].煤矿现代化,2010(3):35-36.
[197] 靖洪文.深部巷道大松动圈围岩位移分析及应用[M].徐州:中国矿业大学出版社,2001.
[198] 高勤福,马道局.锚杆失锚现象分析与防治措施[J].煤矿开采,2001(4):76,76.
[199] BAALBAKI O,ELAWADLY K,ELLAKANY A. A numerical-experimental study of design parameters for anchoring rebar in rehabilitated concrete structures[J]. Journal of applied Sciences,2002,2(3):346-350.
[200] ÇOLAK A. Parametric study of factors affecting the pull-out strength of steel rods bonded into precast concrete panels[J]. International journal of adhesion and adhesives,2001,21(6):487-493.
[201] DEAN G. Modelling non-linear creep behaviour of an epoxy adhesive[J]. International journal of adhesion and adhesives,2007,27(8):636-646.
[202] ARZOUMANIDIS G A,LIECHTI K M. Linear viscoelastic property measurement and its significance for some nonlinear viscoelasticity models[J]. Mechanics of time-dependent materials,2003,7(3):209-250.
[203] 陆士良,汤雷,杨新安.锚杆锚固力与锚固技术[M].北京:煤炭工业出版社,1998.
[204] WHITE J L. Principles of polymer engineering rheology[M]. New York:John Wiley & Sons,1992.
[205] 何平笙.新编高聚物的结构与性能[M].北京:科学出版社,2009.
[206] 沃德.固体高聚物的力学性能[M].徐懋,漆宗能,等译.2版.北京:科学出版社,1988.
[207] 于同隐,何曼君,卜海山,等.高聚物的粘弹性[M].上海:上海科学技术出版社,1986.
[208] 阿克洛尼斯,马克尼特,沈明琦.聚合物粘弹性引论[M].李仲伯,李怡宁,译.北京:宇航出版社,1983.
[209] 杨挺青.粘弹性力学[M].上海:华中理工大出版社,1992.
[210] 周光泉,刘孝敏.粘弹性理论[M].合肥:中国科学技术大学出版社,1996.
[211] 穆霞英.蠕变力学[M].西安:西安交通大学出版社,1990.
[212] 蔡美峰.岩石力学与工程[M].北京:科学出版社,2002.
[213] MCCRUM N G, BUCKLEY C P, BUCKNALL C B. Principles of polymer engineering[M]. 2nd ed. Oxford:Oxford University Press,1997.
[214] 何平笙,朱平平,杨海洋.高聚物粘弹性力学模型的等当性[J].高分子材料科学与工程,2010,26(11):169-171.
[215] ABAQUS 6.9. Abaqus/CAE user's manual[M].[S. l. :s. n.] ,2009.
[216] ALMAGABLEH A, RAJU M P, ALOSTAZ A. Creep and stress relaxation modeling of vinyl ester nanocomposites reinforced by nanoclay and graphite platelets [J]. Journal of applied polymer science,2010,115(3):1635-1641.